大是文化

100天就有成果！

八二法則管理實務

我該關注哪 20%，馬上得到 80% 成效？

通用動力、世偉洛克等企業，高階經理 30 年的現場實證。
Generac Swagelok

芝加哥大學商學院 MBA
獲利成長營運系統（PGOS）創始人
比爾・卡納迪 Bill Canady—— 著
呂佩憶 —— 譯

The 80/20 CEO：
Take Command of Your Business in 100 Days

目錄

第2章

八二法則管理實務

第3章

簡化、簡化、再簡化

各界讚譽

以清晰且具吸引力的方式，介紹了適合企業領導者與主管的八二法則方法，幫助聚焦在能創造最多營收的關鍵領域。透過調整投資、流程、產品和客戶的優先順序，不僅能提升經營效率，還能加速創新並實現穩定的獲利成長。書中以真實案例和歷史故事，生動闡述策略的應用方式，讓讀者更易理解並實際運用。對於希望提升企業競爭力與實現持續成長的主管來說，這是一本不可錯過的實用指南。

——蘇書平，先行智庫執行長

大部分的人都聽過八二法則，但並未獲得其精髓，事實上，八或二這些數字不重要，你也可以改成九一或七三，重點是，**要有意識去區分「微不足道的多數」和「關鍵的少數」，然後把資源配置在那些關鍵的少數，才能事半功倍**。如果發現事業越成功，自己卻越痛苦，《一百天就有成果！八二法則管理實務》讓你知道如何挽救自己的人生。

——《商益》總編／李柏鋒

聚焦是一種選擇，是為了有效利用資源所做的取捨。談到取捨，或許你聽過「八二法則」，但抽象化的概念往往不容易具體實現。本書作者比爾．卡納迪（Bill Canady）以企業CEO的高度，鉅細靡遺的寫出企業營運過程中的細節，甚至執行過程中的茫然猶豫，都能在書中獲得解決。例如平等不等於公平、先發散再收斂、不求完美只求進步、市場區隔、「歸零」想像實驗等，都是值得細讀的行動指南，真心推薦給大家！

——精實管理顧問、《精實法則》作者／江守智

卡納迪帶領讀者進行了一堂執行長大師班，引導我們將注意力聚焦在最佳化客戶和產品中，區別出表現最優的業務領域，簡化那些無法獲益事務的複雜性，並重新分配寶貴的資源，以加速創新、提升經營效率，實現獲利成長。本書極富趣味、引人入勝的歷史範例和真實世界企業案例研究，具體描述這些企業透過應用八二法則流程修正方向。

這是一本令人印象深刻的書，在此推薦給每一位希望獲得持續性成長的商業領袖。

——米契・艾耶洛（Mitch Aiello），寶德公司（Boyd Corporation）執行長

富豪汽車（Volvo）、奇異（General Electric，簡稱GE）和飛利浦（Philips），這些我曾就職過的公司，由有遠見的創辦人和優秀的人才創立，並在市場上擁有強大的影響力，但他們的營運模式已達顛峰，需要一套更為強大的營運系統，這正是本書所能提供的。作者在書中提煉出能推動成功營運系統的精髓。我強烈推薦。

——彼得・海肯森（Peter Hakanson），歐洲動力運動車輛（Powersports Europe）

卡納迪的書以洞察力和幽默感，簡要的說明了企業的轉型之旅。建議你在開始自己的一百天計畫時閱讀本書，之後也繼續將其作為參考。正如作者經常告訴我們的，**重要的是進步，而不是完美**。期許各位每天都能向前多進步一%。

——羅柏特・威爾森（Robert Wilson），俄亥俄州傳動公司工業自動化與精工（Industrial Automation and Finishing at Ohio Transmission Corporation）總裁

本書提出的獲利成長營運系統（profitable growth operating system，以下簡稱PGOS）不僅有效，也為營運商、投資人和融資合作夥伴之間帶來了清晰度、透明度和一致性。卡納迪對八二法則的應用，為公司的策略計畫帶來的成效大大激勵了團隊。當人們有一個清晰、合乎邏輯的計畫，並依此產生可預期、可衡量的結果時，他們就會重新充滿活力。

——杜林．賈克雷夫（Deryn Jakolev），珍星（Genstar）負責人

作者藉由豐富的經驗和擔任主管的經歷，使他獲得了敏銳的洞察力，並為高階經理人編寫詳細的指引，幫助他們帶領組織實現策略性的獲利成長。與作者的特質相同，本書善於觀察、有親和力、鼓舞人心。身為卡納迪的母校艾姆赫斯特大學（Elmhurst University）校長，我可以證明，本校因為他擔任董事會成員和投資委員會主席期間，所分享的知識和專業受益匪淺。很高興他透過這本書，與讀者們分享這些知識。

——特洛伊．凡艾肯博士（Troy D. VanAken），艾姆赫斯特大學校長

作為有志於在商業世界闖出一片天的人士，我們難免會遇上只懂得做研究和重複工作的「大師」。作者完全不是這樣的人，他曾多次並成功的將八二法則應用到現實世界中。本書既務實又誠實，實踐起來非常有效。

——雷伊．霍倫（Ray Hoglund），馬科尼供應（Marcone Supply）董事

經驗豐富的執行長卡納迪提出了一種直接、系統化的方法來創造獲利成長，使用資料導向的分析，以確定哪些行動最能帶動組織的成長。這對於私募股權資助的執行長，及其領導團隊來說特別有價值，本書將指導任何企業的領導者，採用「睜大眼睛」的方式管理組織的所有價值流（Value Stream）。卡納迪創新的八二法則闡明並簡化了獲利成長的領導行動。這是一本精彩、節奏明快、穩紮穩打的書。

——吉姆．威斯諾斯基（Jim Wisnoski），退休執行長、私募股權顧問

作者在書中分享了他豐富的經驗，為高階經理人提供實現獲利成長和改善策略定位的全面路線圖。他以極富趣味與令人耳目一新的風格，融合了實用性、故事、見解和技

巧，使關鍵流程變得清晰可見，並提供大量實用的實踐建議。任何應用本書原則和指引的企業經營者或經理人，都將有所受益。

——亞倫・佛提爾（Alan Fortier），佛提爾公司（Fortier & Associates Inc.）總裁，葛拉漢控股（Graham Corporation，GHM）董事

作者展示了如何應用八二法則流程，幫助你的企業在現有的營運及併購過程中獲得更大的成功。這是一本寶貴的指南，協助你建立強而有力的營運與人員管理原則，幫助你提高管理人員的績效，並提高產品的品質與獲利能力。

——麥克・赫特（Michael L. Hurt），珍星策略顧問委員會

本書能改變遊戲規則，為企業提供最快、最準確的轉型方法。作者憑藉豐富的經驗，推出一套專注於成功關鍵要素的系統。專注於應用八二法則，可確保你的努力能產生最大的影響，對任何尋求成長的組織來說，這是一套非常強大的工具。我已經應用過這套系統，並親眼目睹它的變革性效果。卡納迪的專業知識使本書成為企業不可或缺的

指南，不只將目標設定為變革，更要實現獲利和可持續的成長。

——麥特．馬辛森（Matt Marthinson），OTC工業科技（OTC Industrial Technologies）營運長

這是一本全面、步驟清晰的指南，可將組織轉變為高績效、高獲利的企業。我使用了卡納迪的獲利成長系統，它很有效！

——布雷特．斯丹頓（Brett Stanton），OTC工業產品泵浦馬達技術（Pump Motor Technology, OTC Industrial Products）總裁

這是一本能改變任何企業的手冊。根據我自己的第一手經驗，可以證明卡納迪的四步驟PGOS流程，是將帕雷托法則（pareto principle）應用於提高盈利能力的最佳方法。他的商業轉型祕訣幫助企業轉虧為盈，將會是你我寶貴的收穫。

——莫妮克．維度茲科（Monique Verduzco），箭頭工程產品策略（SVP Strategy）資深副總

第 1 章

我該關注哪 20% 的工作，馬上得到 80% 成效？

我在這本書中寫下的大部分內容，都是根據我與各公司、個人合作的執行與領導經驗。為了保護隱私，尤其是特定資訊，我會大致提及並避免說出企業名稱，或為了方便起見，以虛構的公司名稱呼。

——比爾・卡納迪

01 所有管理的根本

「相信我，先生，當一個人知道他兩週後就要面臨絞刑時，他的思緒就會變得非常集中。」

——山繆．詹森（Samuel Johnson）

即使是優秀的公司也會迷失方向。當這種情況發生時，你需要的是什麼？

那就是立刻實現的獲利成長。

那麼，為了實現該項目標，你會找誰來幫忙？

你會去找擅長操作營運系統的人，而那個人正是我。你現在拿的這本書，就是一套可以實際應用的獲利成長營運系統（PGOS）手冊。**本書將告訴你如何在一百天內轉虧為盈**，運用八二法則來獲得成長的機會，並為長期的獲利成長做好準備。本書也將引導你認識所有必要的策略行動，將二〇%的投資、流程、產品和客戶列為優先事項，因為這才是真正為你創造那八〇%營收的來源。

（八二法則是真的有這麼一回事。而且不只如此，這是一個自然法則。你做的所有工作或花的所有錢，其中的二〇%創造了八〇%的營收。不過，先別高興得太早，因為你花費的另外八〇%只創造了二〇%的營收。）

從軍人、業務員，到高階主管

我在北卡羅萊納州東南部的一個小農場長大，住在泥巴路盡頭一間大型雙寬移動住宅（double-wide trailer，一種預先製作的住宅，被運送到現場前先在工廠裡建造，一般被建造在永久性附加的底盤上）裡。最近的城鎮瑞奇蘭茲（Richlands）可能只有一千位居民、幾個紅綠燈、兩座教堂和三間酒吧。我父親為了養家餬口而從事各種工作，他做過雜務工、貨車司機和農場工人。你可以假設我們家一貧如洗——因為我們確實如此。

幸好，當地有一所小學和一所高中。我知道有叫做「大學」的地方存在，但是當我高中畢業時，並不知道如何進入這樣的學校。我念的高中沒有升學顧問。不過這麼說並不完全正確。辦公室外牆上的凹槽裡有一個架子，裡面放著就業機會（有很多「焊接工」的工作）和大學資訊（主要是本地大學）的各種手冊。那個架子就是我們的升學顧問。在我看來，高中畢業後我有四個選擇，但沒有一個是上大學。

一、我很愛說話，所以可以成為業務員。
二、我可以學習一門技藝（要不要學焊接啊？）
三、我可以成為農場工人。
四、我可以從軍。

最後一個選項看起來最可靠，所以我投身美國海軍，並服役了三年。如果現代戰機是會飛行的電腦，那麼現代戰艦就是會漂浮的電腦，所以我選擇在海軍裡從事電子學的工作。新兵訓練在芝加哥北部幾英里（按：一英里約等於一六〇九．三四公尺）的五大湖海軍訓練中心（Great Lakes Naval Training Center）舉行，經過專業培訓後，我在漁人堡號（USS *Fort Fisher*, LSD-40）上服役，這是一艘安克拉治級船塢登陸艦，主要功能是支援各種兩棲作戰。我的選擇很明智。雖然我像所有水手一樣滿腹牢騷，但在海軍服役是一段很棒的經歷。軍旅生涯教會了我很多關於基本領導力的知識，讓我學到一門技術，並使我尊重流程和清單的力量。這些是我永遠不會忘記的工具。更棒的是，我在海軍度過的三年讓我離開瑞奇蘭茲，看到了廣闊世界的一部分。

我從海軍退伍後找到了一些低階的銷售人員工作，然後有一天，我偶然翻到一本專門介紹暖氣、通風、空調（Heating, ventilation and air conditioning，簡稱 HVAC）產業的雜誌。雜誌的後面全都是徵才廣告，所以，我帶著在美國海軍受訓時學到的維修技術背景，去應徵了幾間公司，其中一間過濾器公司願意僱用我在中西部擔任業務員。我馬上就接受了這份工作，並搬到芝加哥西側的郊區內珀維爾（Naperville）。我在那裡成為業務員、遇到老婆，然後就成家了。

我的妻子是一名教師，這讓我不再滿足於只當一個高中文憑的業務員。事後看來，我採取了一種非常有意識、甚至具有策略性的方法來發展和實現我的抱負。體驗過做生意後，我現在想在商業界擔任領導職務。我認為想要擔任領導者，就需要工商管理碩士學位（MBA）。因為我有工作和家庭，所以需要在全職工作的同時，在當地取得MBA學位。而我最好的選擇就是芝加哥大學（The University of Chicago）——真的，我只想念這所大學。

這是一個說來容易做起來難的目標。芝加哥大學從以前到現在都不是一所隨便申請就能錄取的學校，著名的MBA課程入學標準一直都很高。首先，我需要在申請之前取得大學學位。（還用說嗎？）另一方面，即使申請者有足夠的資格，芝大的MBA錄取率也只有五%。

我的第一次獨立飛行

無論是進入頂尖學校或領導一間企業，每個試圖挑戰困難事物的人，所面臨的風險都與駕駛飛機的風險相似得驚人。你可能會慘敗，甚至墜機自焚。你有沒有想過，為什麼大多數新手私人飛行員，在第一次獨自飛行時不會墜機？

多年前，我第一次獨立飛行——從愛荷華州（Iowa）的滑鐵盧（Waterloo）出發，飛往堪薩斯州（Kansas）的道奇市（Dodge）。一切都很順利，直到我接近機場，那是一個炎熱的夏日下午，我從大約一千兩百英尺（按：約三百六十六公尺）的高度下降。當我低空飛過田野附近的池塘，熱氣流反射將我推高了大約兩百英尺（按：約六十公尺）。

「要命！」我對著自己大喊，因為當時只有我一個人。「我死定了。」

但是我曾一再反覆學習的步驟，就像電影最後的工作人員列表一樣，開始在腦海中逐漸展開。這時我的心跳加速，在異常溫暖的駕駛艙裡冒了一身冷汗。但是我完成了所有的動作，接下來我只知道，自己在迎接我的停機坪上彈跳，因為只有菜鳥駕駛的賽斯納一五〇（Cessna 150）才會因操作不慎在著陸時彈跳。

我降落。滑行。停止。

我沒有死在大火之中。這次沒有。

我學習的不是如何降落，而是降落的過程。過程對於駕駛飛機來說，就像操作系統之於使用電腦一樣。過程介於你和機器之間，幫助你讓數位硬體完全按照你的需要運作。

乍看之下，成功的機率低得可怕，但我有一個計畫、程序和流程（也就是所謂的「操作系統」），總是有助於提高成功率。你可能已經知道，在臉書改為 Facebook 之前，原本叫做 The Facebook，這是由馬克．祖克伯（Mark Zuckerberg）在哈佛大學（Harvard University，他後來從哈佛輟學）時創立的。臉書一開始只限哈佛的學生和校友註冊。很快的，其他學院和大學也開設了自己的臉書分支網站，包括芝加哥大學。

一個要去念芝大的好友借我他的登錄憑證，讓我可以登錄芝大的臉書。我搜尋了一下，以確定目前 MBA 的學生都來自哪些大學。在芝加哥當地就學的人最多來自艾姆赫斯特學院（Elmhurst College，現在已改制為大學了），共有五人。原來這是一所優秀、辦學認真的學校。最近的《美國新聞與世界報導》（*U.S. News & World Reports*）

最佳大學排名（Best Colleges Ranking）將其列為「中西部最有價值學校」的第四名。

總之，這所學校完全符合我三個非常特殊的需求：

一、它是本地的學校。

二、它十分有「價值」。

三、從過往人數來看，這所學校能提供我不錯的機會，可望進入芝加哥大學MBA課程。

此外，我的策略還有另外兩個考量面向：

● 儘管芝大的錄取條件非常高，但也十分有彈性。錄取了研究所，我就可以學習任何課程。因此，進入MBA的方法不止一種。

● 芝大的招生比大多數學校都還要重視個人面試。我是一名優秀的業務員——自信、風度翩翩、真誠。我也能精確、清楚的表達，自己打算如何學以致用這項MBA學位。

我在三年後以優異成績從艾姆赫斯特學院畢業，並在芝大的面試中取得了優異成績。招生委員會很清楚，我是個非常專注的人。我也比一般申請人年長，並且一直在商業界工作。當芝大錄取我時，我非常激動。（對了，我從以前到現在都非常感謝艾姆赫斯特，而且現在擔任該校的董事會投資委員會主席。把愛傳出去！）

芝大MBA學位證明果然是一個強大的資歷。芝大及其MBA課程以嚴謹、責任分明，以及務實、關注業界現況而聞名。學校的非官方座右銘是「芝加哥大學：歡樂消逝的地方」。（在我那個時代，許多學生都穿著印有這個信條的運動衫或連帽上衣）這種觀點有其道理和價值，而且研究所畢業後，我便受聘擔任科技公司的產品經理，這是一間專注於工業自動化和能源控制的全球科技公司。這與我在過濾器公司的業務工作相比，薪資少了一大截，但是你不能只用在過程中任何一步賺到的錢，來衡量你實現策略目標的旅程。有時候需要先退後一步才能前進。在業務方面，我知道我在商業領域的發展有限。我也知道，很少業務最後當上執行長。但是擔任過產品經理後，我就能夠快速晉升。

但我是在什麼樣的公司裡往上爬的？

我當時工作的是一間市值兩百六十億美元（按：約新臺幣八千五百二十八億元，以下內容皆以一美元兑新臺幣三二・八元匯率計算）的公司，但是公司深陷困境。公司太快收購過多子公司，擠壓了獲利率。更糟糕的是，公司捲入一場代價高昂的稅務風暴。但是這些事都沒有讓我感到焦慮。我的目標是在公司內部晉升，並確立自己擔任領導者的地位。當時公司面臨的緊迫問題，反而給了我更好的機會快速往上爬，而且更快建立起自己的名聲。（我總說，當你已經跌倒谷底時，就不會再摔得更低了。）

公司需要領導者來管理他們陷入困境的部門，所以我很快就得到了升遷，在芝加哥附近管理一間零件工廠。因此，我學會了如何管理一間工廠。但是公司需要快速的現金挹注，於是決定賣掉我所管理的工廠。

這對我來說是個壞消息嗎？

如果我的雄心壯志僅限於在芝加哥郊區管理一間工廠，那麼這的確會是個壞消息。事實上，公司的出售計畫讓我做了一件以前從未做過的事情：執行出售一間公司的重大交易。

幸運的是，我在一個非常出色的業務團隊，並在交易的過程中學習到真正的技巧。

這種感覺就像一邊建造飛機一邊開飛機，但是只要你專注於過程和程序，就算是邊做邊飛也沒有問題。出售工廠的事很成功，事實證明，我大可在新老闆的管理下留在工廠。但我不想要這麼做。我喜歡出售業務，我想嘗試更多這方面的工作。所以，我選擇不把自己和工廠一起賣掉，而是離開這間科技公司。之後，我很快就被一間當時價值三・一億美元的發電設備製造商聘僱。

這家公司希望透過新產品和收購其他企業快速擴展，他們錄取我是因為我有出售企業的經驗。我加入的團隊將公司帶進新的、不同的管道，在變得更大之後，公司以大約二十億美元的價格出售給一間總部位於紐約的私募股權公司。公司的價值從三・一億美元躍升，原因是一場天然災害，也就是卡崔娜颶風（Hurricane Katrina），在二〇〇五年八月摧毀了墨西哥灣沿岸，導致市場對公司的產品需求變得非常高。

正如那句諺語說的，「一個人的災難，可能為另一個人帶來意外之財。」

我現在有機會進入私募股權領域。但我想成為被出售公司的總裁，而這在私募股權公司不太可能實現。這時我下定決心，要成為企業的買家和賣家，但我意識到自己對如何經營公司還沒有足夠的知識，我希望找到一份能帶來這些知識的工作。我了解業務工作，以及如何為一間公司做好出售的準備，現在我需要知道如何實際經營一間公司。就在這時，我轉職到一間相當多元化的大型工業、技術和醫療製造集團。它並不是消費者熟知的公司，但在企業對企業（B2B）領域卻有著很高的知名度。

在這間企業集團的管理流程中，最重要的是八二法則的應用。如同老話所說，數學是所有科學之母，那麼八二法則就是所有管理程序之母了。八二法則也被稱為帕雷托法則，在我帶領過的每一間公司都發揮了重要作用。它很可能是管理企業流程，以實現策略性成長的最重要的一個假設。我們將在本書中反覆討論它，但是我在此要先預告之後要說的內容。

帕雷托的八二法則

維爾弗雷多．帕雷托（Vilfredo Pareto, 1848-1923）是眾多人才中，最具代表性的一位。儘管作為一位世界級的土木工程師、社會學家、哲學家、政治學家和經濟學家，他最喜歡的卻是園藝。

因為熱愛園藝，所以他將其他的興趣，特別是經濟學知識，融入了這個領域。當他觀察到，大部分健康的豌豆莢都來自一小部分的豌豆植物時，他忍不住計算一下數字。他發現，大約八〇%健康的豌豆莢，是由大約二〇%的豌豆植物產生。這個八十比二十的比例讓他印象深刻、難以忘記。於是他環顧四周，很快便得出結論：幾乎全世界八〇%的成果都是來自二〇%的原因。

帕雷托發現，八十比二十的比例適用於大自然。這是自然界的事實，就像物競天擇或熱力學定律一樣。但離譜的是，這也適用於社會學現象、政治結果、經濟學——進而適用於企業和商業活動。大約就是八十比二十的比例，這最終被證明了是一個普遍的公理。

他把這個觀察記錄了下來，因此誕生了帕雷托法則。藉由這個概念，你幾乎可以用八二法則來表達任何生產活動中「微不足道的多數」與「關鍵的少數」。在商業領域，這代表八〇%的營收僅來自公司二〇%的客戶。同樣的，八〇%的營收只來自公司二〇%的產品。最重要的是，八〇%的營收來自最高效的二〇%的顧客（在此稱他們為「A級」顧客），他們買了八〇%表現最佳的產品（前二〇%的「A級」產品）。如果你可以將八〇%的資源，用於消費A級產品的那二〇%A級客戶群，為他們提供服務，設想看看結果會如何？

既然如此，為什麼不這麼做？放手試試吧！

鳳凰工業的實例

我學會了將八二法則置於所有安排優先順序決策的核心。在我的職業生涯中，我用它來指導幾間公司的策略、框架和商業計畫，我將在本書中談論許多關於八二法則的概念。最近它就像救命的工具一樣，幫助了一間正在浪費潛力的好公司加速成長。

鳳凰工業科技（真的有這麼一間公司，但這裡以匿名稱呼它）是一間知名度較低，但對其客戶影響很大的公司。這是經典的企業對企業業務，它是機械零件和工程服務的配銷商，這表示公司是重要企業之一，消費者購買和使用的所有產品幾乎都由它製造。鳳凰工業於一九六〇年代初期成立於美國中西部，並在當地營運。

成立之初，鳳凰工業配銷兩類產品：動力輸出裝置和空氣技術。動力輸出裝置是將機械動力從一臺機器傳輸到另一臺機器所必需的設備和元件。空氣技術則包括空氣壓縮機，以及與之相關的一切。空氣技術部門也提供壓縮空氣服務，將壓縮空氣出售給不想花費資本支出以採購大型壓縮機的客戶。鳳凰工業會在工廠內部或外部安裝設備，並以固定的合約價供應空氣。

四十年後，公司經營團隊決定將鳳凰工業出售給一間總部位於芝加哥的投資公司，又過了幾年，那間公司又將它出售給一間在紐約市外的類似公司。第一次出售時，鳳凰工業的規模不到一億美元。它在前兩個母公司的領導下發展壯大，當我的公司收購它時，它已經是一個真正的企業集團了，旗下部門包括：製造用於裝飾材料的設備、分配材料、電動化、管理流體動力、提供設備旋轉的軸承、設計和製造各種幫浦，以及提供框架系統的部門。

說得客氣些，鳳凰工業是家多元化的公司。事實上，與其說它是一個組織，不如說只是一個集合體。當然，以前的收購者都沒有試圖使組織合理化。系統、流程和技術，都是根據原本收購來的小公司為主。然而，隨著越來越多人在不同的地方加入了最初的小公司，他們卻沒有相互交流，也沒有以任何協調的方式運作，更不用說協同合作了。

基本上，過去母公司的想法是：「我們已經買下了你，我們會讓你自己經營。只要把每一季賺的錢交給我們就好了。如果你賺的夠多，我們會很高興。否則就會不高興。」我的公司意識到，在前任業主的領導下，自由放任的管理風格曾經運作得相當順利。但是我的公司並沒有蕭規曹隨的打算，而是要釋放隱藏在業務深處的潛力。

這種不干涉的管理政策，一開始似乎運作得很好。但經營團隊很快就注意到，士氣低迷的狀況正在逐漸惡化。鳳凰工業開始出現營收下滑、利潤減少和士氣下降的情況。我工作的公司認為是時候該干預了。鳳凰工業並不是由差勁或能力不足的人所經營，但它的經營團隊確實需要一些指導和工具，才能快一點開始創造更多價值。私募股權非常重視價值創造，我的公司在做出回應之前也沒有浪費時間。他們知道，裁員（尤其是在沒有策略的情況下）幾乎不足以創造使公司轉虧為盈的價值。我們需要迅速採取行動。當時，我想到了精簡對話大師海明威（Ernest Hemingway）的兩句經典臺詞，出自《太陽依舊升起》（*The Sun Also Rises*）：

「你是如何破產的？」比爾問道。

「兩種方式，」麥克說：「逐漸的，然後突然的。」

這時的鳳凰工業，正介於「逐漸」和「突然」之間，公司採取了積極的行動來逆轉發展曲線。他們指派我擔任鳳凰工業的新執行長，我只有一個任務，可以總結為幾個字：修復鳳凰工業。馬上開始。我將這句話翻譯成另外一個詞：創造獲利成長。因為情況緊急，所以我又加了幾個字：就是現在！這間私募股權公司很興奮，並且完全支持獲利成長營運系統。

本書的核心：獲利成長營運系統，源自我曾經帶領幾間公司的經驗。但鳳凰工業很特別。它有敬業的員工和優秀的潛力，但在沒有更新策略的情況下面臨不斷被精簡，已經使公司越來越接近崩潰點。儘管這很可怕，卻提供了我應用八二法則的機會。這間公司內部有成長的潛力，而我的工作就是去實現它，將潛能轉化為動能。問題和危機中潛藏著機會。這種威脅關乎生死存亡，正如十八世紀英國文學評論家、散文家和詞典編纂者山繆．詹森所說的：「相信我，先生，當一個人知道他兩週後就要面臨絞刑時，他的思緒就會變得非常集中。」

我一直以來都比較喜歡另一句更愉快的話：「當你已經跌到谷底，就不會再摔得更低了。」遵循獲利成長營運系統，讓它指導你採取策略性的行動，將一切可能的優先事項放在二〇%的產品和客戶上，讓這些客戶為你創造八〇%的營收。

02 房子起火就滅火，船漏水先補洞

「在每個機構中，資訊就是血液。」

——小布拉德利．派特森（Bradley H. patterson，JR.），《權力網路》（*The Ring of Power*，暫譯）

在深入分析一項業務前，我通常會先提出一些簡單的問題，以了解這項業務與它的過去、現在、未來。這並沒有什麼神祕的，只是一種方法，能讓我們發現那些不會立刻顯現的問題。你將在第六節中找到我完整的問題清單。

美國外科醫生暨作家葛文德（Atul Gawande）在他的精彩著作《清單革命》（*The Checklist Manifesto*）中，將檢查清單評價為「品質和生產力的基本工具之一……幾乎涉及所有高風險和複雜性結合的領域。檢查清單看起來是簡單又基礎的工具，卻有助於填補我們腦中的空白與空隙。」我很久以前就理解到，擁有一份問題清單可以節省時間，並讓你進入更容易發現相關優勢和劣勢的心態。清單還可以幫助你確認或反駁已經做出的任何判斷。

舉例而言，我進入公司時，就已清楚知道這裡有一個巨大、顯而易見的問題。鳳凰工業仍是規模較小（九千萬美元）的公司時非常成功，它成功營運了數十年，然後就被出售給母公司或私募股權業主，後者再將它聚合為一間市值超過七億美元的企業。那麼問題出在哪？鳳凰工業營運使用的系統，仍然是為當初市值九千萬美元的公司所設計的。公司的流程不足以應對當前的規模，這就導致了這個混亂的局面。

史托克戴爾悖論

已故海軍上將詹姆士．史托克戴爾（James Stockdale）是越戰期間被關押的戰俘中，階級最高的美國軍官。從一九六五年到一九七三年，他在囚禁期間遭到了約二十次毆打和刑求。他沒有理由相信自己會活著再次看到家和自由，但他仍然以能夠大幅提高生存機會的方式，領導著戰俘同袍。

戰後多年，《從 A 到 A^+》（*Good to Great*）的作者詹姆．柯林斯（Jim Collins）有機會與史托克戴爾談話。他問史托克戴爾是如何在漫長的磨難中活下去，且不屈不撓的熬過來？史托克戴爾告訴柯林斯：「我從來不曾懷疑。我不僅會活著走出去，而且最終會獲勝，並將這段經歷變成我人生的決定性事件。回想起來，我不會想抹去這段經歷在我生命留下的痕跡。」

柯林斯被回答震驚得說不出話來，他接著問：「那什麼樣的人沒有撐過去？」

「哦，很簡單。就是抱持樂觀態度的人。」

當然，柯林斯對這句話感到困惑，史托克戴爾接著解釋說：「樂觀主義者是那些會說『我們會在耶誕節前離開』的人。耶誕節來了又過去了。他們接著會說：『我們要在復活節前離開。』復活節來了又過去了。然後是感恩節，然後又是耶誕節。最後他們因為太傷心而死。」

史托克戴爾從中得到的教訓是，你絕不能失去最終會獲勝的信心，但也絕對不能讓這種信念導致你放棄「面對當前現實中最殘酷事實」的紀律。這樣的心態被人們稱為「史托克戴爾悖論」。

那麼該如何保持紀律？你需要利用流程。

史托克戴爾向戰俘同袍提供了應對困境的流程，包括如何熬過折磨、祕密交流，以及一系列程序和例行公事。

如果流程可以成為理性希望和最深絕望間的區別，決定人們在最糟糕的條件下是生存或死亡，那麼它肯定也可以指導你，成功管理充滿挑戰的商業情況。

我詢問有關過去績效的問題，發現公司在二〇一六年之前沒有任何成長，當時前一間私募股權公司收購了鳳凰工業。直到那時，加入鳳凰工業的每一間公司的績效都比收購時差。我對這件事進行了更深入的研究，並且發現一件可以澄清問題的事。**你一定要**

假設答案就在某個地方。你得去問對的人。如果你不知道誰是對的人，那能問誰就問誰。即使對方可能不是對的人，也應該能夠建議你去找有答案的人。沒有得到答案通常是因為你沒有提出問題。

思考答案並做出決定

儘管我的雇主想放任不管，但他們是非常勤奮的公司管理者。他們想知道為什麼公司被收購後業績會下降。經營團隊開始尋找答案，然後發現問題的根源有兩個。首先，鳳凰工業的前任業主是個心不在焉的執行長，他大部分的時間都不在公司。其次，在他的任期內沒有明顯的成長策略——應該是說，除了收購其他公司外，沒有其他的策略，他的決策可能比較像是一種直覺反應，而不是策略。得到這個答案後，公司就此採取行動，將前任業主執行長換掉。

在尋找新執行長的過程中，鳳凰工業經歷了約十八個月新冠疫情的衝擊，因而關閉了一堆工廠、解僱了許多人，並開始合併資產。當發現這一點時，我得到了幾個問題的解答，這是我每次接手公司時經常產生的疑問。試圖透過非策略性的剝離資產（包括人力資本）來降低成本以恢復成長，這是公司面對衰退的常見手段。策略性的切割，效果就像熟練的手術一樣，可以挽救生命，甚至恢復生機；但如果是全面裁員，我從來沒看過這麼做會有用，無論在哪裡看到這種行為，都知道這是一個明確的警訊。一間試圖透過精簡人事實現獲利的公司，只會因為經營團隊被裁光，而陷入更大的麻煩。

裁員不是有效的策略

裁員確實可以是策略的一部分。但當裁員成為一種單純的反射動作時，這就不是策略了。這是一種針對支出而不考慮收入的回應。你無法靠著摧毀一座村莊來拯救它。

你可能會得出結論，當我最終在二〇二一年被任命為鳳凰工業的執行長時，不需要做太多評估。大多數損壞的原因都顯而易見。但事實是，當某件事糟糕到看起來明顯不對勁時，在眾目睽睽之下看不見的問題往往更糟糕。

鳳凰工業有許多處理方式都是錯的，所以我要他們停止做這些事。這些都是顯而易見的問題，至少在我看來是可以解決的。此外，促使我接受這份工作的原因之一，是我熟悉許多合併至鳳凰工業的配銷商。所以，我認為雖然公司一團混亂，但我們有很棒的產品，在關鍵領域擁有獨家經營權，而且我們團隊中有很多優秀的人。這帶來了穩健的經常性營收金流。換句話說，公司的基本面很好。鳳凰工業沒有無法解決的問題。

「我想我能扭轉局面。」我大聲說道。

事實上，當我接受執行長一職時，我並沒有意識到公司究竟受困於多麼麻煩的處境。也許是因為太多過於明顯的問題，讓我失去繼續挖掘更多的動力，包括更多的困難源頭。與此同時，我沒有注意到其他的機會與可能性。這並不代表只關注顯而易見的答案是錯的，只是很可能這些答案，不會是唯一的解答。

你不需要顯微鏡，只要親臨現場

我在二〇二一年八月九日被任命為鳳凰工業的執行長。當時最首要、迫切的目標，就是徹底了解業務。為了做到這一點，我必須：

一、識別並解決明顯且迫切的問題。
二、分析業務運作。
三、了解目前的策略，並加以調整，以符合業務目標。

第一步和第二步可以透過我在本節開頭提出的問題，以最有效的方式展開，但永遠不要讓分析妨礙你立即解決最明顯、迫切、關乎存亡的問題。「關乎存亡的問題」是指，那些迫在眉睫的傷害。這些問題總是和營收有關。先做好確保營運必須做的事，並爭取時間解決其他問題。如果你讓企業消亡，就沒有什麼可以修復的了。

你不需要深入剖析每一件事。事實上，可能永遠不需要這麼做。你需要的是親臨現場以了解業務。當我來到鳳凰工業時，我進行了一次「三L之旅」：傾聽、學習和利用（listening, learning, and leveraging）。我走出辦公室，開始和大家聊天。我一開始總會問：「發生了什麼事？」其他問題還包括「生意如何？什麼有效？什麼無效？告訴我你喜歡這份工作的哪些方面，你不喜歡哪些方面？什麼是對的，什麼是錯的？」

我提前發放一份簡單的問題清單，來幫助員工思考他們想說的話，我覺得這有助於減輕員工對於三L之旅的焦慮。對於組織中的主要經理人，我採取的是更有系統的方法，我會安排三次一對一的會議，這只是三L之旅稍微正式的版本。第一次會議可以稱為「認識彼此」。我會在事前向預定面談的對方發送一份輕鬆、非正式的問卷：

第一次會議：認識彼此

一、我想知道的事情：

- 介紹一下你的工作和角色。你為這個角色貢獻了哪些技能？
- 哪一部分的工作，令你最有成就感？
- 你為什麼做這份工作（除了薪水）？
- 我能為你提供什麼支援？
- 什麼能激發你最好的一面？你的工作偏好和風格是什麼？

- 你如何描述這項業務，它的哪些內容有效，哪些無效？
- 在過去的一年裡，你最自豪的事是什麼？為什麼？
- 你工作之餘喜歡做什麼？
- 如果你可以向公司中的任何人提出要求，你會要求什麼？為什麼？

二、你可能想分享的潛在話題：

- 我想讓主管了解我的部分是……
- 我對自己的領導風格的形容是……
- 我的角色最讓我興奮的是……
- 我最大的擔憂是……
- 可以幫助我們更成功的兩件事是……
- 若要讓我能充分的表現，公司可以……
- 需要我們立即關注的事是……

- 我認為你（主管）可以先處理的三個優先事項是……

我會花時間消化第一次面談，以真正的認識彼此。當我準備好時，就會安排第二次一對一面談，這次會議將專注於討論公司的業務。

第二次會議：討論公司業務

一、有助於我了解組織運作的主題：

- 業務績效——工作的目標、目的、策略、戰術、財務。
- 人員和團隊——你的業務範疇和部門，運作的情況如何？我們如何引起員工的興趣？誰是我們的高績效員工？職員的參與程度如何？

- 客戶——客戶對我們的產品有何評價？我們在市場上面臨哪些挑戰？
- 配銷商、供應商和合作夥伴——我們與他人合作的策略是什麼？誰被認為是我們的策略合作夥伴？
- 流程——這些流程如何促進或阻礙工作的產出？
- 跨部門合作——你和你的團隊如何與其他部門合作？
- 機遇和挑戰——提供實例。
- 支援——你需要我提供哪些支援，你還有哪些其他資源要求？
- 職涯發展——你的職業抱負是什麼？
- 其他——在我們向前邁進的過程中，你還有什麼其他建議嗎？

同樣的，我會花時間研究這次會議的筆記，然後才安排第三輪面談，而這次是更深入的業務檢討。

第三次會議：深入探討業務

一、第二次會議結果的深入探討，以及其他事項：

- 繼續討論第二次會議中提出的業務和主題。
- 你參與的重大計畫。
- 各方的機遇和挑戰。
- 公司面臨的風險。
- 所需的資源。
- 所需的程序或系統。
- 團隊人才審查。

專注於緊急和非緊急的重要事務

根據三 L 之旅以及與主要經理人的會議，你可以分析業務，但是不要輕易放鬆。你的巡訪和會議，應該足以提醒你一些明顯需要解決的迫切問題。

如果房子著火了，就滅火；船漏水，就修補漏洞。**請解決存亡問題，培養採取行動的習慣**。如果有什麼明顯的地方需要修復，就去修復它。你以後可以隨時微調；如果一開始的修復行動無效，就嘗試其他方法。一位卓越的領導者，會學習如何快速識別優先順序的問題，並將精力集中在這些問題上。對於明顯的問題，你的目標應該是迅速產生重大的影響。

確定你的「A 級」優先順序。在這些方面盡早取得勝利，不僅可以解決短期內威脅業務的存亡問題，也可提高整個團隊的士氣，並激發對你的領導力與公司員工的信心——他們相信自己擁有解決問題、利用機會和完成指派任務的知識、技能與能力。這些初期成功和自我效能感（self-efficacy），能推動組織達成所有策略目標。

A 級優先事項具有以下特點：

一、它們源於根本問題。

二、它們是具體，而不是模糊或籠統的問題。

三、它們提出明確的方向，但也允許彈性，以便調整行動以適應不斷變化的情況、或有關目前和不斷發展情況的新資訊和數據。

一九四一年十二月七日，當日本偷襲珍珠港將美國推入第二次世界大戰時，美國陸軍參謀長喬治．馬歇爾（George C. Marshall）將軍召見艾森豪準將（Dwight D. Eisenhower）到華盛頓特區。馬歇爾很快總結了太平洋的災難性局勢：珍珠港的艦隊被摧毀、威克島受到猛烈攻擊、關島淪陷、美國盟友英國和荷蘭的屬地已淪陷或即將淪陷、當時是美國領土的菲律賓即將被入侵。這是一連串的災難，馬歇爾向艾森豪提出了一個問題：「我們的總體行動方案應該是什麼？」

艾森豪知道沒有可行的解決辦法，但他要求馬歇爾給他幾個小時的時間來構思回覆，並在當天稍後回來提出了他認為唯一立即可行的方案：在軍事上盡一切可能，無論多麼微不足道，在澳洲建立一個行動基地。「中國、菲律賓、荷屬東印度群島的人民將會看著我們。他們可能會原諒失敗，但不會原諒放棄。」這不是一個快速獲勝的公式。為什麼不是？因為在這種情況下，快速獲勝是不可能的。但這是最終勝利過程的第一步。

馬歇爾同意艾森豪的提議，並認為艾森豪是一位願意並能夠在絕望的情況下，提供務實、有成效回應的領導者。此刻需要的，不是投降的方案。換句話說，我們需要的是踏出第一步，而不是投降。馬歇爾明白這一點，並任命艾森豪為陸軍戰爭計畫部的副部長，在此之前，艾森豪一直是個沒沒無聞的軍官。他被提升為少將。在很短的時間內，艾森豪將會成為歐洲盟軍的最高指揮官。他將發動對德國及其盟國的戰爭。

在對馬歇爾的回答中，艾森豪實踐了優先順序框架，他在多年後，也就是一九五四年擔任美國總統時解釋：「我遇到的問題，可以分為兩種：緊急的和重要的。緊急的事情並不重要，重要的事從來都不緊急。」著名的商業思想家暨作家史蒂芬・柯維（Stephen Covey）借用了艾森豪的思維過程，設計出如左頁圖1的艾森豪矩陣。

這個矩陣能幫助你執行一個關鍵原則：**專注於重要的事，包括緊急和不緊急的事**。避免其他一切。事實上，緊急的問題通常需要立即處理，因為不解決它們的後果通常嚴重且直接。然而，緊急問題大部分來自外部因素，包括了別人的目標；相形之下，解決

▼圖 1　艾森豪矩陣。

	緊急	不緊急
重要	**I（管理）** • 危機 • 醫療緊急情況 • 急迫的問題 • 有截止日期的專案 • 為預定活動做最後的準備	**II（焦點）** • 準備／規畫 • 預防 • 釐清價值 • 鍛鍊 • 建立關係 • 真正的休閒／放鬆
	必要性象限	**品質與個人領導力象限**
不重要	**III（避免）** • 中斷、一些電話 • 部分郵件和報告 • 部分會議 • 許多「急迫的」問題 • 許多受歡迎的活動	**IV（避免）** • 瑣事、忙碌的工作 • 垃圾郵件 • 一些電話留言／電子郵件 • 浪費時間的事 • 逃脫的活動 • 看無腦的電視節目
	欺騙象限	**浪費象限**

重要的問題，是實現你目標（你的策略目標）的關鍵，只不過後果可能不那麼立即。

先區分重要和不重要的事。把不重要的放在一邊。問題是否緊急固然重要，但為了實用性與生存等原因，儘管你必須先解決緊急的問題，也不能將不緊急的問題拖太久。如果你知道什麼事情重要和緊急，就可以專注於這些問題，同時保留足夠的時間來關注不緊急的事情。

03 別在需要螺絲起子時，使用鎚子

「『分析』是除了養育孩子和治理國家外，第三樣人們不可能做得好的工作。」

——西格蒙德・佛洛依德（Sigmund Freud）

現在你已經了解公司的業務了，接著可以繼續分析。首先你要提出更多的問題，但這次，你不必向他人提問，而是要對著自己發問。

法國機械、數學和科學天才皮耶－西蒙・拉普拉斯（Pierre–Simon Laplace）發明了統計分析。最重要的是，他相信真正的分析，需要「能理解所有自然力量，以及構成各個生物相對位置」的智慧。任何徹底的分析都需要一套公式，它適用於「宇宙中最大物體的運行和最輕原子的運動」，使「一切不再不確定，未來和過去一樣」。（按：本段意指分析能使我們理解萬物的關聯，對事物進行預測。）

好吧，我不是多才多藝的人，沒有拉普拉斯那種無所不知的智慧，我也不了解他假設的公式。最重要的是，我沒有那麼多時間！但作為一名執行長，我知道我可以詢問有關公司過去表現與目前表現的相關問題，為分析任何企業建立一個好的開始。雖然當下需要先關注緊急事項，但只要不拖延對未來的關注，我就能夠考慮那些不緊急但重要的問題，這將使公司能夠實現其主要目標。

描繪成功的畫像

在谷歌（Google）上搜尋這句話：「沒有瞄準的箭永遠不會射偏。」（*The unaimed arrow never misses.*），你會找到許多相關引用，它們或許會為你帶來意想不到的靈感，但不會讓你得到什麼啟發。的確，「未瞄準的箭」可能會為你的生活帶來一些希望，但這對企業來說顯然是件壞事。企業需要目標。**你的企業如果沒有目標就不會失敗，但也不會成功**。換句話說，如果你不瞄準箭，就不會射偏，但既然如此，你又為何還要射出那支箭？

- 在定義成功時，這個定義必須能讓你了解，你的目標是什麼。
- 為了解你的目標，你必須帶領公司中的每個人（尤其是高階經理人），引導他們所說、所做每件事的意圖。
- 只有在確定成功、目標和意圖後，才能制定有意義的策略。
- 想要成功，無論策略是什麼，都必須包含執行策略的方法。
- 也就是說，執行是成功的策略不可或缺的一部分。因此，失敗的執行就是失敗的策略。

除非公司的經營團隊在制定和執行策略所需的流程之前，就將成功定義好，否則公司將成為一支沒有目標的箭。成功不能只是一個模糊的概念或感覺。在商業領域，成功必須看得到，且可以量化，使目標成為畫在箭靶上的靶心。正如寓言家伊索（Aísôpos）所說：「一個明智的人不會開始一項事業，直到他能夠看清楚通往終點的路。」

人們創業的動機有很多種，但主要都是為了賺錢。管理之神彼得・杜拉克（Peter Drucker）曾說過：「企業的目的，是創造客戶。」投資網站 Investopedia 將「客戶」定義為「購買一間公司商品或服務的個人或企業」。所以，客戶是資金的來源。在商業中，金錢是以損益、營收與獲利率、投資報酬率和競爭排名來衡量的，這些全都是客觀的指標，是設定目標不變的方法。

但這並不表示帶領公司走向成功，只需要設定明確的財務目標，以及正確的會計記帳就夠了。詹姆・柯林斯和傑瑞・薄樂斯（Jerry I. Porras）在一九九四年出版的《基業長青》（*Built to Last*）一書中，將「有遠見的公司」定義為「各自產業中首屈一指的機構——皇冠上的寶石，受到同業的廣泛欽佩，並擁有長期對周圍世界產生重大影響的紀錄」。這樣的公司之所以能夠基業長青，是因為它們有遠見。

「有遠見」這個詞的含義十分模糊，對我來說，能夠制定持久策略的領導者，就是有遠見的人，因為他們可以為自己和其他人，想像成功和相關的目標。他們可以描繪出成功的樣貌，並向公司中的其他人展示他們各自適合在這個樣貌中，占據什麼位置。以下提供範例。

一八七七年八月十二日，湯瑪斯・愛迪生（Thomas Edison）為他發想的機器畫了一張粗略但清晰的草圖。他在紙張的左下角寫下了給資深機械師約翰・克魯西（John Kruesi）的指示，要他「製作這個」，然後他把圖放在克魯西的工作檯上。他沒有再作任何解釋，因為他不必解釋。愛迪生知道他高超的工匠會做到，而克魯西真的辦到了，留聲機和前所未有的錄音現象就這麼產生了。

愛迪生就是我說的那種有遠見的人。他是一位能夠向他人展示成功是什麼樣子的領導者，不是虛無飄渺的形容，而是務實精確的說明。他勾勒了未來，或是更準確的說，他定義了一個未來，要擁有能夠錄製和播放聲音的技術，這在當時前所未見。對於任何個人或組織來說，成功都是一種願望，一種對某種理想未來狀態的願景，直到它實現並且因此取得勝利。對於一個歷久不衰的企業來說，成功是許多成功的策略執行週期的重複結果。正如冰淇淋公司好幽默（Good Humor）和加大拿汽水（Canada Dry）公司的總裁大衛・馬哈尼（David J. Mahoney）所說：「與其說成功是一種成就，倒不如說是一種實現。」他建議有抱負的高階經理人：「拒絕和謹慎行事、避免失敗的人往來；要為了勝利而戰。」

我不知道克魯西是否受到愛迪生畫作的「啟發」。但是他打造出愛迪生要求他創造的東西，我確信這個結果激勵了他。在他將組裝好的裝置展示給愛迪生後，這位發明家一邊轉動用鋁箔包裹的圓柱體上的曲柄，一邊對它說話。他停下來，將唱針和光圈元件放回起始位置，然後再次轉動曲柄，機器就傳出他自己錄製的聲音。他已經「看到」了他所渴望的未來狀態，克魯西製造了出來，這個願望變成了現實。沒有高調的言辭，沒有任何形式的歡呼。他提供的只是一個清晰的願景。這就已經足夠。

在《激勵人心的領導者》（*The Inspiring Leader*，暫譯）一書中，作者約翰・曾格（John H. Zenger）、約瑟夫・福克曼（Joseph R. Folkman）和史考特・艾丁格（Scott Edinger）問道：「什麼造就傑出的領導者？」根據廣泛的研究，他們得出結論：一位領導者能啟發和激勵高績效產出，比其他特質或能力都來得重要。這類啟發的關鍵在於，要像愛迪生的線條圖一樣務實清晰，能夠呈現公司未來狀態與令人信服的願景。

我的結論就是，**激勵人心的領導者能向他人展示成功的畫面是什麼樣子**。如果你能向團隊中的每個人，展示他們將如何成為這畫面中的一員，那麼你就有很大的機會，激發團隊的行動、作為和表現，將畫面變為現實。

一個真正能鼓舞人心、有遠見的人，會知道公司的策略具備哪些核心內容，且明白這些內容必須被清晰、簡潔的呈現出來。如果無法將它們清晰的呈現出來，你的員工將永遠不會成為一個具凝聚力、默契良好的團隊。他們或許會努力工作，卻可能因為缺乏方向，四處拉扯、無法順利前進。他們將無法執行自己不全然理解的策略，成為一串失去目標的箭矢。

定義目標需要以具體的方式，闡明目的、策略和執行方法，如同愛迪生向其才華洋溢的員工展示願景的方式一樣具體。企業每一層級的職員，都必須理解公司的使命、願景和價值觀，並且響應這份共識。

市面上已有許多書寫使命、願景和價值觀的文章。以下我要舉一個例子，說明我受僱帶領的鳳凰工業的使命、願景和價值觀。

使命

- 鳳凰工業科技透過廣泛的產品、一流的技術和工程知識，以及優質的客戶服務，提升製造業務的營運，在我們選擇的每個市場中保持領先地位。

願景

- 鳳凰工業科技提供完整解決方案，能廣泛提升設備正常運行時間、勞工安全與能源節約，改善我們的周遭環境。

價值觀

- 正直：我們會説到做到，言行誠實、合乎道德，並且充滿敬意。
- 成就：我們以實現目標為榮，並樂於接受對我們工作的評價，無論是個人或集體的成就，都能反映出我們努力的成果。
- 專業知識：我們為各個產業提供量身訂製的專業解決方案，並努力為客戶提供超越其他工業配銷商的正確解方。
- 合作關係：我們是真正的長期合作夥伴，致力於提供能改善日常營運的解決方案。
- 投資：我們專注於投資員工和創新技術，並放眼未來。

- 平衡：我們讓團隊享受生活、熱情工作、盡情玩樂，珍惜生活提供給我們的一切。

發散思維和收斂思維

雖然企業中的每個人都必須理解並認同公司的使命、願景和價值觀，但為了透過設定目標、建立策略並有效執行的流程獲得成功，還需要分享一些「更基本的東西」。這個「更基本的東西」就是「思考方式」本身。但先別急著太興奮，請想一想文學家愛默生（Ralph Waldo Emerson）的問答：「世界上最艱難的任務是什麼？就是思考。」

我們可以讓這件事變得稍微容易一些。在第一章介紹的原則指引中，第四節以及第二章、第三章的流程被劃分為兩種截然不同的思考方式。這讓思考不再像愛默生所說的那麼讓人生畏了。讓我來解釋一下。

心理學家和人力資源專家經常談論「發散思維」（Divergent Thinking）和「收斂

思維」（Convergent Thinking）。這兩個術語是由心理學家吉爾福特（J.P. Guilford）於一九五六年首次提出。他觀察到，面對需要解決的問題，有些人傾向於集思廣益，產生多個想法、多種解決方案和一系列的替代方案；有些人則傾向專注找到手上問題的單一解決方案，然後深入研究，以將其完全定義出來。

吉爾福特與其他一同研究的學者認為，發散思維者比收斂思維者更具「創造力」；收斂思維者較容易受到邏輯的引導，而不是創造性的想像力。在人力資源領域，經典的邁爾斯—布里格斯性格分類指標（Myers-Briggs Type Indicator，簡稱 MBTI，至今仍常用於評估求職者）常應用於了解求職者或員工，是根據事實或資料分析做出客觀決定的「思考者」（Thinker），還是較容易受到主觀感受和直覺引導的「感受者」。思考者較有邏輯，而感受者較有創造力。

學會區分發散思維和收斂思維，並認知到有些人傾向以發散性方法解決問題，有些人習慣透過收斂的方法處理事務，這麼做有其價值與意義。我們帶著某些才能、特質、傾向、偏見和心態進入工作場所，它們將我們推入不同的陣營，這一點我們都同意。

我們也應該承認，某些高階經理人更看重發散思維者，而另一些則偏好收斂思維者。許多高階經理人聲稱，希望並願意獎勵那些「跳脫框架思考」的人。他們相信（或他們自己說相信）具有發散思維的員工，是讓組織在競爭中具有創新優勢的人，他們創造與眾不同的產品和服務，擁有某種天才甚至魔法般的能力。他們就像企業的「造雨人」（Rainmakers）（按：在企業界，能為公司帶來新商機，並贏得新客戶的人物）。一些思想領袖將發散思維者歸類為具創造性的「叛亂者」，而不是守舊的「現任者」，現任者似乎永遠掌握權力，他們比較重視保護現狀，而不是冒險創新。

在「叛逆的發散思維者」中，最具代表性的例子，就是蘋果（Apple）公司的共同創辦人史蒂夫．賈伯斯（Steve Jobs），他經營的公司，長期以來的座右銘是「不同凡想」（Think Different.）。

賈伯斯最為人所知的，是他早期為個人興趣研發的專案「麥金塔電腦」（Macintosh，現為 Mac），此專案脫離了主流的蘋果公司官僚體制，也讓專案走出了蘋果總部大樓。他在一棟租來的大樓裡成立「Mac 小組」，該大樓位於原來的蘋果園區對面的街道式購物中心，他還在大樓上方升起了海盜的骷髏旗，讓他們在公司的控制之外、大樓之外、框架之外，做一些不同的事情。

而事實上，蘋果還有一位共同創辦人史蒂芬．沃茲尼克（Stephen Gary Wozniak）。沃茲尼克是將賈伯斯的大部分願景付諸實踐的人，他無疑是一位創新者，但是相較於賈伯斯，他的思維方式更接近於收斂，而非發散思維。這並不是說他無法跳脫框架思考，而是他的思維方式是「建立新的框架」。他知道如何建構、焊接和撰寫程式碼。他製造的第一批「框架」就是Apple I和Apple II（按：Apple早期開發的兩款個人電腦）。

事實上，一間成功的企業必須結合員工的發散思維和收斂思維。我們可能會談論、讚美、重視甚至敬佩那些跳脫框架思考的人，但正如提姆．尼爾森（Tim Nelson）和吉姆．麥可吉（Jim McGee）在二〇一三年出版的《在框架中思考》（*Think Inside the Box*，暫譯）中所指出的，收斂思考者與發散思考者一樣重要。

賈伯斯、沃茲尼克以及一本讚美在框架內思考的書，為我們帶來的啟示是，我們不該根據發散或收斂思維，分類、衡量與評估人們。

領導、管理和經營業務會同時需要用上發散思維以及收斂思維。業務的某些階段需要其中一個、而不需要另一個，或是某一個優先於另一個，其他階段則需要同時進行發散和收斂思考。因此，我們理應熟悉並適應這兩種思維模式。在時間或環境需要時脫離框架，或馬上回到框架內。

別在需要螺絲起子時，使用鎚子

我們應該停止將發散思維和收斂思維定義為特質、才能或習慣。這些是在需要時使用的工具。如同世上所有的工具一樣，你必須了解使用它們的時機。

現在，在你面前有兩塊木頭和一些螺絲，若你的任務是將這兩塊木頭接在一起，你會怎麼做？

A. 拿一把螺絲起子，把兩塊鎖在一起。

B. 拿一把鐵鎚，把兩塊敲在一起。

你會選擇 A。你也許明白，B 方案也有辦法做到這件事，能夠像使用釘子一樣把螺絲敲進木頭裡，但你知道產出的結果不會太好看，且幾乎可以肯定的是，組成的東西不會像使用適當的工具那樣堅固。所以你會選擇 A。

你選擇 A 方案也不是因為你比較擅長操作螺絲起子，不擅長使用鐵鎚，而是因為它是鎖緊材料較為合適的工具。

當然，還有另一種可能的選擇，就是同時使用兩種工具。你可以將螺絲轉進一部分，再用鐵鎚把它鎚進去；或是鎚到一半，用螺絲起子把剩下的一半轉進去。但事實上，將這兩種工具結合起來，只會讓你花費更多精力，不會產生更好的結合。

讓我們再回到原本討論的兩個工具——發散思維和收斂思維。在大多數商業組織中，人們都認為成功源自於市場的差異化。這需要將創新、創業思維，和客觀的評估、執行能力結合起來。然而，僅僅將這兩種截然不同的方法結合起來，並不是將它們應用於業務行為的最佳方式。

發散思維幫助我們想像廣泛的可能性。它讓我們暫時擱置對事物的懷疑，盡可能的去探索各種情境。它使我們提出「如果……」的問題，讓我們向著一反常規的方向前進、自由發揮。你會故意去尋找那些平常不會想到的可疑人，而非圍捕那些常見的嫌疑犯。發散思維是思想的實驗室，所有想法都可以攤在桌上討論。就像賈伯斯說的，發散思維是關於「與眾不同的思考」。

發散思維就像是顛倒過來的漏斗。思考過程從狹窄的一端開始，透過廣闊的一端傳播開來。相較之下，收斂思維就像使用傳統的漏斗，寬的部分收窄成一條管子。收斂思維不是增加選擇，而是縮小選擇範圍。如果你一開始有十個選擇，收斂思維能協助你將選擇減少到兩、三個，甚至只剩一個。在這個減少選擇的過程中，也有可能會需要運用到想像力，就像你可以同時使用鐵鎚敲打螺絲一樣。

這是有可能的，但不一定有效。相較於想像力和感覺的運用，收斂思維的最佳使用方法，是透過收集、分析資料，邏輯的推理、論證和批評，來梳理出最好的選擇，同時挑選出最令人不滿意的部分。儘管這多少存在著拋棄成功備用選項的風險，但這可能比在曲折綿延的兔子洞中，追逐著無意義的目標，來得更可取。

為什麼不直接用發散思維和收斂思維的結合，來處理所有事？雖然這樣的組合可能會讓你產生一些有趣的觀點，但更有可能發生這兩個極端抵消彼此的優勢。收斂思維傾向於扼殺發散思維，而發散思維會混淆高度聚焦收斂思維的清晰度。儘管你的業務決策同時受益於發散思維和收斂思維，為了防止兩者相互阻礙，你需要遵循依序使用它們的原則，在過程中一次只用一種，以免其中一種的效用抵消另一種。

阿波羅式觀點與酒神的衝動

召開會議後，你可能會得到大量收斂思維的回饋。大多數商務會議的氛圍，都具分析性和批判性。這是因為大多數會議將與會者置於審計員的位置，讓他們為了檢查和批評而出席。

不要對這種自然而然的收斂思維傾向感到抗拒。你要做的事其實正好相反，要為正確的目的規畫正確的聚會。例如，如果你正在規畫下一年度的業務重心，你希望確保會議同時具備發散和收斂思維的空間。在規畫過程中，首先要從當前業務狀況的評估開始，收集資料並根據當時的客戶、產品組合、市場和競爭對手，進行業務分析。

到目前為止，你使用到的方法主要是收斂性的分析與客觀推理。假設你的組織致力於成長，而不是維持現狀，你需要事先決定好，讓團隊開始「以不同方式思考」的時機。如果這個時機成熟了，就別再召開普通的會議，而是要召開一次或一連串「腦力激盪」的會議。

如果你希望明天能與今天有所不同，就該在今天做出一些與以往不同的改變。不要又是單純的「開會」，而要進行適度的腦力激盪。在大多數會議上，你不會鼓勵任何人不遺餘力的提出古怪想法，但是在腦力激盪會議的關鍵時刻，這正是你要去做的。讓人們跳出框架，透過詢問想法、強調包容性和數量，來鼓勵意見分歧。鼓勵同仁盡量不要壓抑或過濾自己和他人的靈感。

古希臘人崇拜酒神戴歐尼修斯（Dionysus）和太陽神阿波羅（Apollo）。前者展現了人性的自發、衝動、情感甚至狂野的一面；後者則強調了人們理性、自律、有秩序的一面。當你需要鼓勵人們產出新的點子時，要釋放酒神的衝動，擴展可能性。你得培養直覺、情感、衝動和隨心所欲的想像力，尋找可能的方向和機會，將選項增加好幾倍，以擴大你的選擇範圍。推動腦力激盪會議以鼓勵速度、驚喜、玩心和好奇心，強調新穎和未嘗試過的事，提出「如果……會怎樣」的問題。延伸那些狂野而具有挑戰性的靈感，然後盡可能收集最多的回饋。

在發散思維階段，你希望找出更優質的聚客模式，吸引新客人購買新推出的產品和服務，讓他們更願意選擇你；也希望團隊能辨識目前的消費者趨勢，以改良既有的商品和服務，順利留住老客戶。你想設計未來的產品組合，考慮擴大目前的市場、退出某些市場，並與新客戶一起創建新市場。你希望研究新的替代方案以獲得決定性的競爭優勢。發散思維的重點是更多——更多選擇、更多可能性、更多機會、更多風險。

有些人覺得發散思維很有趣、令人興奮而且好玩。其他人則覺得它很可怕、令人不安，大部分時間令他們反感。發散思維有時會產生過多的點子，其中許多會有問題、不可行，或就只是很糟糕的選項。即使如此，也沒有關係。**發散思維階段的天馬行空，並不會確定最終的決策**。一旦你收集了足夠的問題、機會和未來業務的可能方向，針對全球趨勢重新構想過公司的業務，那麼就該是時候從發散思維進入收斂思維了。

其後，阿波羅式觀點開始抑制酒神式的衝動，隨著焦點從「可能」轉向「可執行」，縮小選擇的範圍。在創造無窮無盡的選擇後，現在會議（不是腦力激盪會議）要專注於做出選擇。會議的節奏變慢了，這時的特點就不是刺激，而是要深思熟慮，產生分析、排序、分類、衡量、測試和解決方案。發散思維工作較具有質化的特性，收斂思維的工作則是量化。冷酷的現實取代天馬行空的想像力，有系統的結構取代隨心所欲的創造力。

發散思維的燃料是包容性，而收斂思維則以過濾和排除的方式踩下煞車。不是透過主觀的衡量（感覺、直覺反應）來判斷，而是尋求和應用客觀指標；發散思維是一個充滿構想的世界，而收斂思維則是分析與實際行動的空間；發散思維所產生的，主要是發現和定義，而收斂思維所產生的則是發展和成果。在發散性腦力激盪的過程中，提出問題或挑戰的目的，是為了激發更多回應。相較之下，收斂思維渴望從整個組織取得共識，企業界稱之為「一致化」（alignment）。

在駕馭發散思維擴展的宇宙時，其潛在重點在於，集中討論隔年或其他時期企業面臨的所有問題和機遇。在運用收斂思維的階段，你要探索這些問題和機會的潛在影響。這為優先排序這些問題與機會提供了必要的洞察力，將想法簡化成對公司來說可以辦得到的事情。

在發散思維階段後，你需要透過收斂思維階段，來篩選、縮小、剔除想法，然後在新的政策、方法和產品出現之前，轉化為執行框架。

04 無關緊要的多數和關鍵少數

「每當你看到一間成功的企業，就表示曾有人做出大膽的決定。」

——彼得．杜拉克

我們都同意，在商業界中，做重要的事很重要。另一方面，做不重要的事看似不會帶來什麼負面影響，實則會浪費本應用來處理重要事務的時間、人力和其他資產，對企業造成傷害。這兩個觀點很有價值，因為它們會直接引導你進入做出任何商業決策的第一步和第二步。

第一步：決定什麼事重要、什麼事不重要。

第二步：做重要的事；不做不重要的事。

很簡單吧？你只需要知道如何決定什麼是重要的、什麼不是。這個決定在某些方面很複雜，需要根據經驗、專業知識、對相關技術的認識、創新、趨勢、價格點（按：經濟學中，價格與需求曲線交會的點）、價格敏感度等要素進行研判，要得出這些因素必須經過市場研究和深思熟慮。然而，在這麼多的要素之中，有一項關鍵元素格外容易理解，那是從豌豆莖和豌豆莢開始的故事。

豌豆教我們的事

在第一節中，我們曾提到過帕雷托這個人。一八四八年出生於巴黎的帕雷托，是人們所謂的博學家。他對所有事物都充滿興趣，他的職業生涯始於土木工程師，同時也對社會學、政治學、經濟學和哲學有著重要的貢獻。而且他總是會抽出時間進行另外一項重要的愛好：園藝。即使是博學家也需要逃離日常工作。但對帕雷托來說，他無法不用大腦做分析。當他計算出，花園裡只有二〇%的豌豆莖，生產了八〇%健康的豌豆莢時，透過耐心的觀察，他確定這不是僥倖，而是普遍的事實，這項發現使他靈光乍現。

他將自己對花園豌豆的觀察，應用到各領域中「分布不均」的現象。他將概念由豌豆植物移轉至義大利的財富分配上（儘管出生在巴黎，帕雷托的大部分工作生涯都在義大利度過）。他確定全國八〇％的土地僅由二〇％的人口擁有。然後，他再把概念應用在工業生產的特點上。根據帕雷托的計算顯示，八〇％的工業生產，只來自二〇％的工業公司。最終，他將八二法則應用於幾乎所有可衡量、有成效的人類活動，然後得出結論：在任何人類活動中，八〇％的結果都來自於二〇％的行動。

這就是帕雷托法則，或所謂的八二法則。如果你想表達得更為宏觀，也可以把它稱為「關鍵少數定律」（The Law of The Vital Few）。如果你喜歡更務實的說法，你可以根據八二法則區隔出「關鍵少數」（Critical Few）與「瑣碎多數」（Trivial Many）。總之，帕雷托法則斷言，少數的行動、原因或輸入，會產生大多數的結果、輸出或獎勵。這對企業來說更重要的是，帕雷托法則允許我們將「多數」和「少數」這兩個詞轉化為一個粗略的比例：八十比二十。

這項觀察結果到底有多誇張？好吧，先把這法則應用到你自己身上。以帕雷托法則來衡量，你所獲得的八〇％，來自你花在二〇％工作上的時間。換句話說，你所做的八〇％的工作（你付出的努力其中的五分之四）基本上無關緊要。真慘！

或許當我解釋「你」這個詞，指的是「某個人」、「我們」或「每個人」時，你會稍微好過些。因為你不孤單，我們都在同一艘船上。你可能覺得難以置信，因為它與我們自己，或任何工作出色的期望互相矛盾。但帕雷托原則不應被當作對個人的批評，這是以觀察為根據的結果。從豌豆莖的生長，到工人、工匠和專業人士的工作，原因與結果、投入與產出、努力與回報之間，全都存在著這樣不平衡的情形。八二法則適用於工作、市場、客戶、產品等，幾乎囊括了商業的所有面向。與其試圖逃避或否認它，不如接受它、利用它，透過這項原則提升績效與公司的競爭優勢。

測量，是為了改進

高層主管、經理和員工們經常抱怨，他們組織中的報告層層傳遞、數量過多。舉例而言，一九六〇年代曾為《華盛頓郵報》（*The Washington Post*）撰稿，並在具有影響力的雜誌和網站《進步》（*The Progressive*）擔任政治和文化主題編輯的埃爾溫·諾爾（Erwin Knoll），曾指出：「紐約心理衛生局（New York Department of Mental

Hygiene）製作並發布一份繪有三頁插圖的備忘錄，說明該如何切分一塊英式鬆餅。」

但根據我的經驗，問題不是出在瑣碎的事情或報告太多，而在許多報告僅僅用來彙整一些數據測量的結果。當然，一份真正有用的報告的確要從數據評估開始，但這些報告最終應該要寫出，測量的結果該如何應用於改進工作。如果這些報告能著重於如何實現改進，而不只是衡量當前狀況，那麼就不會有人抱怨報告太多了。

八二法則以數字的衡量為根據，旨在陳述事實。經營團隊和經理人有責任將這個原則，從原本的觀察變成應用，將測量的結果用於改進。我知道這很難（愛默生說的），但必須思考。如果你希望明天與今天不同，就要在今天做出不同的事。你可以利用八二法則，了解如何做到「不一樣的事」。

首先將八二法則應用在你的客戶、市場、產品和流程上。這項法則的目的，不是要你觀察然後就收工了，而是確認真正關鍵的事，並將你的資源投入這些機會中。與其繼續投入八〇%的努力來獲得二〇%的成果（把資源從重要的事調走，並且浪費在不重要的事上），倒不如細分你的客戶和產品來提高績效，以確保你的組織將其大部分資源投入最高效的產品和客戶上。

利用四分法刪除必要之惡

想要細分客戶和產品，就要從八二法則的第一個基本工具開始，那就是「四分法」（Quartile）。四分法又為第二個更強大的工具奠定了基礎，即「象限」（Quadrant）或「四方格」（Quad）。

請先從一年的銷售量（出貨）資料，區分產品與客戶。確保你的資料中包括以下資訊：商品（任何重要的商品詳細資訊）、客戶（任何重要的顧客資訊）、銷售額、數量、使用的材料成本（如果沒有材料的成本，銷貨成本也可以），及由此產生的獲利率。

一、依銷售額、營收、周轉率對你的產品進行排名。

二、將排序後的產品，均分為四等分（例如，如果你有一千個產品，則每一等分包含兩百五十個產品）。

三、依總營收、占總營收的百分比、獲利、占獲利的百分比、最大產品銷售額和最低產品銷售額，摘要說明每一等分的數據。

四、針對客戶數據，重複第一到第三步驟，進行分類。

通常一到四等分的典型銷售分布為八九％、七％、三％和一％。如果銷售分布在第一等分中占的比例較多，代表業務具有高於平均水準的複雜度。

在單獨使用四分法時要特別小心。我曾參與過一次八二法則的執行過程，刪減了四等分中最低兩等分的產品。結果發生了什麼事？我們收到了讓我們賺最多錢客戶的「情書」。因為被刪減的產品之中，有一些是「必要之惡」，這些是獲利不佳但必須提供的商品，因為某些重要客戶需要這些東西。四分法或許是面向單一的戰術，雖然它能提供你不少有用的資訊，但不能單獨依賴它。

建立四方格，切出最具生產力的二〇％

識別最具生產力二〇％的切分過程，是一場純粹的數字遊戲。

如果要做這件事，請將你的產品和客戶細分為四個象限，而非單純排序後的四等分。

使用相同的排名清單，將每個產品、客戶標示為Ａ級或Ｂ級。Ａ級產品和客戶（又稱為「八〇產品／客戶」）是指累計占銷售額八〇％的產品和客戶。其餘的是Ｂ級（或「二〇產品／客戶」）。

合併資料時，可以生成一個二乘二的矩陣（見下頁圖 2），也就是四方格。這個象限中的上兩格是你的Ａ級客戶，以及他們購買的Ａ級和Ｂ級產品。底部的兩格則是Ｂ級客戶，以及他們購買的Ａ級和Ｂ級產品。（請注意，Ｂ級客戶主要購買Ｂ級產品）。這麼做的目的，是找到或設計一種方法，以不同的方式對待後兩個象限的產品和客戶，或是完全淘汰這些產品和客戶，這樣你就可以釋放公司的財務和人力資源，以專注於前兩個象限。以下提供一個範例：

這個範例的第一象限顯示了兩百四十八個Ａ級客戶，採購了三千四百一十六個Ａ級產品中的兩千六百九十二個。因此，該公司應將其大部分資產和資源，集中在服務這些客戶和銷售這些產品上，這些產品占營收的六七．二％，毛利率為四九．四％。

第二象限顯示兩百三十三個Ａ級客戶，購買了三萬一千四百一十九個Ｂ級產品中的一萬九千八百六十六個。儘管Ａ級客戶採購公司一半以上的Ｂ級產品，但占總營收的百分比僅為十二・九%，毛利率僅為六・九%。公司應該投入相對應的資源。

左下角的第三象限顯示一千三百個B級客戶，買了三千四百一十六種中的一千一百九十三種A級產品，占營收的一三・一%，產生了四六・九%的毛利。

第四象限顯示一千七百七十六個B級客戶，是一萬四千一百個B級商品的唯一購買者。這些僅占銷售額的六・八%，但是毛利率

▼圖 2　80/20 法則象限範例。

客戶 \ 產品	A =3,416 個產品	B =31,419 個產品
A = 248 個客戶	1 總營收＝ 429,169,262 美元 營收占比＝ 67.2% 毛利＝ 211,849,951 美元 毛利率＝ 49.4% 客戶＝ 248 產品＝ 2,692	2 總營收＝ 82,195,533 美元 營收占比＝ 12.9% 毛利＝ 5,705,875 美元 毛利率＝ 6.9% 客戶＝ 233 產品＝ 19,866
B = 2,062 個客戶	3 總營收＝ 83,319,117 美元 營收占比＝ 13.1% 毛利＝ 39,073,677 美元 毛利率＝ 46.9% 客戶＝ 1,300 產品＝ 1,193	4 總營收＝ 43,558,715 美元 營收占比＝ 6.8% 毛利＝ 19,931,076 美元 毛利率＝ 45.8% 客戶＝ 1,776 產品＝ 14,100

是四五．八%。

透過簡化實現成長

分析客戶和產品數據，目的在於分類，以便你能根據營收和毛利，確定最優質的客戶與產品。這為接下來的第二步「簡化」打好基礎。你必須簡化最重要的業務，降低複雜度。

本質上來說，你需要將更多資源集中在最具生產力的第一象限，識別優質客戶，並盡你所能的服務他們，向其銷售他們最想要的A級產品。你最大的成長機會，就是向更多的A級顧客銷售更多的A級商品。其次，你需要專注於第二象限，也就是A級客戶購買的B級產品。第二象限往往存在簡化的空間，使你的業務和客戶互惠互利。

關於包含B級客戶的兩個象限，你需要執行的策略，是投入較少的資源到這些生產力和利潤都不高的產品上。這就是簡化的目的。你通常需要減少提供商品型號的數量、淘汰讓你賺不到多少錢的商品型號，而且減少特定產品線中的型號數量（尤其是在第四象限中）。非常重要的一點是，簡化還包括你的人力資源（尤其是業務員），讓業務員不要花太多時間與賺不到多少錢的Ｂ級客戶互動。

減少向績效不佳的Ｂ級顧客銷售商品，或完全淘汰這些產品，是否表示你會失去這些客戶？是的，或至少會失去一些。雖然這聽起來像是件壞事——違反直覺，甚至是不佳的做法，但這些是你應該要失去的客戶。為他們提供服務會削弱公司對優質客戶的服務、優秀產品的銷售，你必須培養更多Ａ級客戶、製造更多Ａ級商品。

當務之急是防止你的團隊，將寶貴的資源投入那些對業務幾乎沒有正面影響的工作上。在商業中「少即是多」。績效改進的關鍵之一，是減少（簡化）企業提供的產品數量。雖然確定產生最能獲利的二〇％的產品非常重要，但確定僅能產生二〇％利潤的多數商品（八〇％）更為重要。這些底層象限產品，使事情變得複雜、削弱了你的生產力，迫使企業分散資源，將重要資產從Ａ級產品中轉移出去，降低了獲利能力。當你花的錢比賺的還要多，你就會賠錢。

同樣的，在確定最重要的二〇％客戶時，**你必須同時確認排名最後二〇％的客戶**。**事實上，你不需要這些客戶**，除非你能以最少的努力，和有價值的獲利率留住他們。你可以要求下方象限的客戶，只透過網站下訂單，不透過業務員處理；可以要求他們透過信用卡或轉帳預先全額支付；也可以設定最低採購量，以確保你的處理成本得到補償；你還可以向這些客戶收取運費。

開除產品與客戶

第二次世界大戰中的太平洋戰區，曾向麥克阿瑟（Douglas MacArthur）將軍提出了一系列艱鉅的軍事目標。日本武裝部隊控制著數量龐大的太平洋島嶼，而麥克阿瑟能對付這些島嶼的船隻、人員和武器有限。所以，他做出了一個大膽的決定——選擇性作戰。他不再試圖依次攻占受到日本控制的島嶼，而是選擇只打擊島鏈中的關鍵要塞，並繞過其他地方。透過打破重要的聯繫，那些被孤立的島嶼供應鏈將被切斷。正如麥克阿瑟所說，他們會「在葡萄藤上枯萎」（Wither on the vine），饑餓的他們不是投降就是死去。透過關注島鏈中的要塞，可以加快反擊的進度，減少人員和物資的損失。

麥克阿瑟應用的簡化原則中，包括了無視某些島嶼目標。當然，同樣的策略也適用於簡化你的業務。如果你無法淘汰任何商品、買方、造成虧損的類別，或產生夠多的獲利，那麼就開除那個商品或客戶吧。我們常認為「多就是好」，相信「客戶永遠是對的」，彷彿這是神諭。此外，你可能會認為這種選擇性排除，似乎並不公平。

儘管公平對待在商業、政府和生活中都很重要，但你得先定義什麼是公平。例如，平等對待所有客戶，而犧牲品質、服務、定價和獲利能力，對你、公司、員工和客戶是否公平？只有當你誤以為「公平」和「平等」是同義詞時，才會認為這種做法是公平。

但「平等」並不等於「公平」，八二法則的策略目標，不是為了一視同仁，而是公平的對待所有事物和每個人。**你在商業中所能做出最公平的事，就是使公司成長並且變得更好**。這麼做能使每個有關的人（包括客戶）受益。

亞伯特・愛因斯坦（Albert Einstein）曾說：「常識只不過是你在十八歲前，就深埋在腦海中的偏見。」正如飛行員在低能見度下飛行時都知道，他們必須相信儀器而不是自己的感官；從商的人必須確保自己的思考比十八歲時更成熟、老練。我們需要查看數字，並相信這些數字。八二法則不只向你顯示哪些產品和客戶是你不需要的，還能告訴你哪些是你一定要的。

第 2 章

八二法則管理實務

05 一百天就能看見成果

「現在迅速執行的好計畫，比下週才開始的完美計畫更有價值。」

——小喬治．巴頓將軍（General George S. Patton, Jr.）

前美國總統富蘭克林．德拉諾．羅斯福（Franklin Delano Roosevelt，以下簡稱小羅斯福）就職的一九三三年，正值經濟大蕭條最黑暗、最絕望的時刻，那時，他借用了拿破崙（Napoléon）的概念。

當時拿破崙正從厄爾巴島（Elba）流亡返回法國，在接下來的一百天，他領導了一場驚人的軍事行動，試圖奪回王位。拿破崙單槍匹馬重建了一支二十五萬人的軍隊，差一點成功奪回他失去的帝國。當然，一百天後的滑鐵盧戰役（Battle of Waterloo）對他來說是悲慘的結局，但「一百天」這個詞卻成了歷史上一個重要的象徵。過了一百一十八年後，小羅斯福將這個概念用在自己身上。

小羅斯福宣誓就職後，立即召集國會召開了為期三個多月的特別會議，這段期間他提出並通過了十五項打破和開創先例的法案，以擺脫大蕭條的經濟現況。在總統的鼓勵和指導下，國會在一百天內通過了七十七條法律。有人計算平均值發現，那時平均一天通過〇．七七條法律。這些法案全都是必要的，因為當時的美國和全世界大部分地區一樣，成了研究商業災難學生口中的「燃燒的平臺」（Burning Platform）（按：商業術語，意指緊急且危機四伏的狀況）。

不是每個人都認同小羅斯福和國會在這一百天內所做的一切都是好事，但即使是批評者和完全反對者也承認，當時的政府必須採取行動。而且時至今日，每位新就職總統的表現，在某種程度上，都反映在他們上任最初的一百天裡，根據這段時間內他們取得或未能取得的成就進行評判。我從來沒有選總統或被提名的野心，也不會參選；如果當選，也不會任職。但是，正如小羅斯福借用了拿破崙的做法，當我被要求擔任「燃燒的平臺」的執行長時，也會不知羞恥、毫不猶豫的套用「一百天」這個概念。在我接手時，這個平臺雖然還沒完全燃燒起來，但已經開始冒煙了。接下來，我也會不斷提到

「最初的一百天」這個詞。

我將最初一百天的概念應用於鳳凰工業，結果相當成功。而此時另一間公司，我們姑且稱之為「雷霆工程零件」，需要更緊急的干預。因為員工的努力，公司已經開始擴張，但是擴張的過程中缺乏一個清晰、連貫的策略，因此迫切需要八二法則的規範。我與該公司才華洋溢的經營團隊和敬業的經理們，一起制定了一項計畫，明確列出了我們打算在我管理期間最初一百天要做的事。我把第一個一百天稱為「起步的一年」（Stub Year）。這段時間的重點全在於做準備，是贏得成長機會的開始。

我不想在一百天內通過七十七條法律。我們只需要在一百天內向前邁出四步，就可以讓公司漸漸轉虧為盈：

第一步：設定目標

第一步通常最容易但也最難完成（請參閱第六節）。衡量目標的規模。在私募股權中，許多人的目標是獲得投資現金至少三倍的回報。進行估算，找出實現該目標所需的息稅折舊攤銷前盈餘（按：Earnings Before Interest, Taxes, Depreciation and

Amortization，以下以英文縮寫EBITDA簡稱，即未計利息、稅項、折舊及攤銷前的盈利）。我公司的目標設定得比較高，我們想要在五年內達到營收二十三億美元、獲利率一九%，以及三億美元的EBITDA。

因此，在最初一百天的最開始幾分鐘，我們必須闡明五年計畫的目標。這也意謂著一個更迫切的目標：採取必要措施以轉虧為盈，並且加以定位，爭取成長的機會。正如我後來在公司員工大會上所說的：「我們將從簡化業務開始。執行團隊已經審查了要立即停止、開始和繼續做什麼，以打下堅實的基礎，我們會盡快通知各位。我們將收集和使用資料，確定哪些地方要提高價格以提高我們的獲利，判斷哪些地方要簡化、使業務成長。」

你和團隊必須迅速就公司的目標達成共識。如果你的公司有一間母公司，那運氣不錯，因為你的目標就寫在聘僱合約中。以我們的情況為例，我們需要一個可以在指定的時間範圍內交付三億美元的策略。如果你不希望規畫失靈，就要確定你的評估有效。

第二步：制定策略

接下來的步驟，是確認並建立策略，以實現新的長期目標（對我們來說，通常會是一個五年的目標，有些公司則以三年為單位，請參閱第七節）。在第一步目標會議後的三十天內安排策略會議。一切必須非常迅速的進行，八二法則可讓你快速區分哪些有效，哪些無效。你會需要立即收集公司的產品和客戶資料。

不要指望這些資料告訴你策略該如何進行。你和團隊必須根據目標選擇策略。除非你正在處理嚴重的問題，否則我強烈建議你依據你所認同的方向選擇策略。資料會告訴你實現策略的最佳方式，你的決策也必須根據這些資料所提供的知識向前推進。

儘管一開始，你可能會發現自己深陷在龐大的資料泥沼中，但你還是需要為團隊指出一個明確的方向。你得向公司傳達最直接的訊息，內容應該是這樣的：「我們將在最初的一百天內制定新的路線圖，以及新的成長導向策略。」這時你要尋求的是進步，而不是完美。隨著情況變得更加明朗，你應該根據新獲得的知識調整策略。

這也是舉辦第二次員工大會的時機。向組織更新團隊目前在這段旅程中的進展。如果可以，請將這次員工大會，設定為可以回答問題的即時互動活動。因為互動和清晰溝通提升的士氣，也將使你和你的團隊感到驚訝、振奮。

第三步：建立架構

目前為止已經過去了大約七十天，發生了很多事情。團隊現在有一個明確的目標和一個新的策略（雖然還不成熟），並明確指定了由誰負責。此外，你還召開了兩次全公司員工大會，讓每個人都了解最新情況。

現在來到最具挑戰性的部分。如果你想在一百天內掌握業務，你可能必須重組公司（參閱第八節）。在最理想的情況下，改革可能會很困難，甚至令人痛苦。員工會被指派新的工作，有些人可能沒有合適的技能。人們常說：「瘋狂的定義，就是一遍又一遍的做同樣的事情，但卻期待不同的結果。」請為改變做好準備。在會議期間，專注於需要如何組織業務以實現策略。不要糾結於誰要做什麼。這將增加不必要的複雜度並拖慢程序。

專注於結構，透過策略性的劃分創造優質的客戶、創新的產品，最重要的是，實現你的三到五年財務目標。重組後的業務，各個部分都應以合理的結構進行組織，並為達成目標設立問責機制。準備好區分不同類型的業務，並指派稱職的領導者來管理。應用八二法則，這將創造你所需要的策略性成長，實現第一步驟中設定的目標。

第四步：啟動行動計畫

你辦到了。一百天過去了，是時候啟動全公司的目標、策略和實踐計畫。在前一百天內，你承諾交付一個能夠實現五年目標的新策略，現在這個策略已準備就緒，接下來的關鍵是將其付諸實施。你要讓組織內的員工願意採取行動。

我在公司最初一百天的最後一次員工大會上說道：「我們將定義執行計畫所需的策略，以及付出的努力。我們不會就這樣等待完美。我們會做出合理、明智的決定，然後執行。」實際上，甚至在一百天結束之前，我們就在整理一份粗略的行動計畫草案，以便我們做出積極的決定，並盡快啟動必要的措施。我們的標語是「追求進步，而不是追求完美」。

即使行動計畫啟動了，也必須隨時調整、持續完善。全公司各部門的經理必須迅速將計畫付諸行動，以執行其職責範圍內的「關鍵少數」目標。與此同時，高階主管必須推進全公司的整體長期策略。這個策略的有效版本應在最初的一百天結束時完成，但完整的策略管理流程（strategic management process，簡稱SMP）需要一年時間，經歷四個季度的旅程，才能達到初步的成熟。

從爐邊談話到公司大廳

最初的一百天不像自動駕駛一樣會自己執行，它的核心要素是溝通。小羅斯福在他著名的「爐邊談話」（Fireside Chats）中，透過無線電廣播，以坦率、友好的方式與美國人民交談，分享政府的短期和長期計畫。我們公司也舉行了大廳會議，儘管不是爐邊談話，各級主管和經理都聚在一起。第一次大廳會議揭開了最初一百天的序幕。

在第一個月結束時，我們召集了另一次大廳會議，來檢視回顧與衡量我們的進展、監控我們的進度，並做出任何必要的調整。與第一次大廳會議一樣，會議的後半部分專門用於問答。第三次會議在一百天接近尾聲時舉行，這時恰逢第一季度的結束，是一個報告和評估的時機。透過這樣的方式，最初的一百天自然而然的與業務的正常運行融為一體。毫無疑問，每個人都明白，到那時我們已經在業務中引入了一些全新的內容：一個完整的轉型策略和流程，旨在協助我們贏得成長的機會。

在一百天之後

最初的一百天包含四步驟的流程，目的是為了下一個年度奠定基礎，並將其置於一個更長遠的計畫架構中，通常是五年計畫，有時是三年。因為這個計畫在第一個完整年度，和整個三到五年的期間內會不斷發展和調整，所以你不應該狹隘的集中關注最初的那一百天。或者確切來說，你可以用這種方式來看待時間框架：

一、你在一百天內要完成的計畫，必須瞄準目標，並成功激發眾人的努力，以爭取成長的機會。這將成為五年計畫中第一年的重點。第一年的主要行動是應用八二法則來簡化業務，回歸獲利的基礎，也就是創造八〇%營收的那二〇%工作（產品、客戶、人員、行動、計畫）。

二、如果你發起的計畫很成功，並使你在第一年為公司贏得了成長的機會，那麼你的第二年將致力於透過奪取競爭對手的市占率，來實現獲利成長。這需要堅持不懈的應用八二法則，以確保公司專注於關鍵少數產品、客戶、市場、人員和計畫。

三、從第二年開始成長，第三年的主題是加碼。你現在有足夠的資料來告訴你哪些有效，哪些無效。投資於有效的方法。

四、第四年的重點是精緻化，透過微調所有流程以減少浪費，並進一步增加獲利。

五、第五年是整個漸進式成長操作系統的飛輪階段（flywheel）。在許多機械車輛和設備中，飛輪是一種加重的輪子，它利用角動量守恆定律（按：如果一個系統不受外力矩〔外部作用力引起的轉動效應〕影響，那麼該系統的總角動量將保持不變）來儲存旋轉能量，進而最佳化機器的動量以加速運動，並提供可用動力儲備以穩定機器的運行，甚至在外部電源暫時中斷的情況下，仍能保持機器的運作。將這個概念轉化至商務領域時，飛輪是指逐步增加效率，以加速和維持業務的成長。

06 沒瞄準的箭，永遠不會射中目標

「如果你不考慮未來，就不能擁有未來。」

——約翰．高爾斯華綏（John Galsworthy），《天鵝之歌》（*Swan Song*，暫譯），一九二八年

對「設定目標」這個詞感到恐懼的人，出乎意料的多。有些人因為選項多而不知所措，有些人則因為缺乏選擇感到氣餒。至於我呢？我從來不會因此緊張，你也不必如此。你總是可以將目標量化、具體化。當我合作的私募股權公司，聘請我擔任一間表現不佳公司的執行長時，我就是這麼對我帶領的經營團隊說的。

上一節介紹的雷霆工程零件是一間大型配銷商，提供各種車輛售後零件，從摩托車、全地形越野車（All-terrain Vehicle，簡稱 ATV）、戶外動力設備再到輕型車輛。

該公司業務遍及美國、南美洲、歐洲和亞洲的十三個國家，公司的市場、產品和地理分布就像植物的根一樣迅速擴展。

這間公司唯一缺少的，是「策略」。

策略性成長（也就是可獲利的成長）永遠是好事，但成長本身可能是好的、壞的或不重要的，而不重要只是壞的另一種說法。多年來，雷霆一直透過專注於收購，來逃避策略性成長。新冠疫情為他們帶來了非凡的成長，但現在派對結束，人們都回去工作。結果是，公司很快就陷入市場下滑的局面。在我進入公司時，它剛經歷財務表現顯著下滑的情況。

員工並不愚蠢。他們只是沒有留意到公司的業務或同事。有些人用不同的方法改善情況，也許很多人光是設法維持現狀就已經很辛苦了。如今，人們創業的原因各不相同，有些人對特定產品或產業充滿熱情；有些人是為了繼承家族傳統；有些人是為了一些道德或慈善動機，而僱用我的私募股權只是想賺錢。

他們低價買進一間公司、發展它，然後再以高價賣出。這就是他們的基本商業模式。這絕不是冷酷或貪婪。想要低買高賣，就必須提升公司的價值，這需要對企業進行精明而認真的管理，並達到使公司變得更好的管理水準。這是一個能讓所有利益相關者受益的目標和成就。

此外，透過增加價值以提高售價，是一個非常明確且直接的目標。這並不容易實現，卻很容易理解。因此，當我的公司要我加入雷霆並擔任執行長時，我的任務非常簡單，可以用幾個字來說明：轉虧為盈。

這就是我的目標。好的，但我們該往什麼方向前進？我為雷霆設定了一個財務目標：在五年內達到二十三億美元的營收、一八%的獲利率，以及三億美元的EBITDA。得出這個目標後，第一步就完成了。

我將最初一百天中的十天，分配來設定轉虧為盈的目標。我們是否需要耗費整整十天的時間，來發展一個只要用三個句子就能表達的目標？

其實將這句話寫下來大約只需要十秒鐘，但準備寫下來的過程，需要更深入了解公司的績效，然後向行政和執行的經營團隊提問。這樣走訪和了解情況的過程，確實需要一些時間。此外，目標是我們必須達到的終點，我們還必須大致概述達到目標的方法。因此，在設定目標的領導層核心會議後，我立即召開了第一次員工大會，並在會議上介紹目標。

在全體員工大會和隨後發給全公司的一封公開信中，我解釋道：「我們將從簡化業務開始。經營團隊已經檢視了要立即停止、開始和繼續做的事，以打下堅實的基礎；我們會盡快通知各位。」然後，我加入了對任何簡化來說都很關鍵的流程，也就是八二法則流程。我接著解釋：「我們將使用數據來確定要簡化和發展哪些業務，而方法是先確定要提高哪些東西的價格，以提高我們的獲利。」

我該從哪裡得到這些數據？

目標是從哪裡來的？憑空而來的嗎？還是從我的帽子變出來的？我們首先要了解，目標，就是還沒做到、未成定局的期許。五年內二十三億美元的營收、一八％的獲利率、三億美元的EBITDA——它們只是數字，或許正好是最合適的數字，或許我們可以想出更好的版本，但至少它們不是錯誤的數字，因為這還沒有成為事實，而是尚未實現的願景。

這些目標是美好的抱負、有可能實現的雄心壯志，甚至是合理的期待。我們選擇的目標是一個不錯的方向，儘管沒有瞄準的箭永遠不會射偏，但它永遠不會射中你想射中的任何目標。因此，撇開具體的數字不談，目標提供了一個標靶、一個方向，帶來了原本不存在的秩序，將恐慌轉變為希望。

當你被要求將一間公司轉虧為盈時，你會無可避免的被推往兩個相反的方向。一方面，你應該擁有所有的答案；另一方面，你不只是要拯救這間公司，甚至還要讓它的獲利成長。但是，如果你確信自己已經知道了所有的答案，那你就完全不會有動力去觀察和傾聽，也不會努力去理解公司的文化，並了解它的歷史、程序和期望。你不會有興趣了解這裡的員工。

在這個解鎖價值的專案中，瀏覽一下季報很容易就會看出，公司的財務正在惡化。我還看到了許多正在進行的專案和提案。下意識的反應是大聲歡呼。畢竟，有做總比不做好。對吧？

並不是這樣，尤其當大多數事務都缺乏對投資報酬的策略性考量時，情況就不是這樣了。做事要花錢。你做的事情越多，成本就越高。而且似乎不太有人關注現金流。財務資料、分析、關鍵績效指標（Key Performance Indicators，以下簡稱 KPI）和追查功能，不是不足就是完全沒有。稅務問題，包括加回限制（按：add-back，指企業在計算應稅收入時，將稅務上不可扣除費用或先前扣除的項目加回來）、遣散費，以及合約現金要求，全都被忽視了，但是這些都是導致現金不足情況日益嚴重的問題。

飛行員駕駛飛機的關鍵，在於取得並維持對當前狀況的認識。對於經營企業的高層管理者來說，取得並維持對狀態的感知，是最基本的要求，也就是必須牢牢的掌握現金流。身為飛行員，你需要知道自己要去哪裡、要多快、飛多遠、需要多少燃料，哦，對了，你是頭朝上還是上下顛倒飛行。而雷霆公司內部，似乎缺乏這種自我狀態的認知。這不是運氣不好，而是使用的策略不妥當，或者說根本沒有使用策略。

以當時的情況來看，能做的挽救措施並不多。當你步入了處處都在發生問題的境地（幾乎每個地方都出錯了），唯一能夠看得清楚的，就是組織已面臨了燃料耗盡的困境，這時我們很容易被恐慌和絕望所淹沒。我們都可以理解這樣的反應，這些事造成混亂、產生悲觀的情緒、瓦解士氣，最終導致癱瘓。

在閱讀並審查了所有我能獲取的資料後，我與高層管理團隊舉行了第一次核心會議，向他們提問，然後和他們一起設定目標，該目標將（如果能夠實現）創造扭轉頹勢的價值。要放掉那些對我們造成損害的業務，並將資源重新聚焦於表現良好，或有足夠潛力進行重建的領域，需要時間和深入的研究。我們現在需要的，是可以扭轉局面的合理數字。因此，我們一起設定了五年目標。根據過去和目前的表現，我們沒有理由相信能實現這個目標。但是這個目標確實提供了我們五年內必須達到的數字。擁有這個目標意味著我們必須弄清楚我們的執行計畫，也就是需要做什麼，才能達到所需要的結果。

大廳會議時間

在與經營團隊舉行第一次核心會議後，我立即在大廳召開了第一次全公司員工會議。這次會議以實體、線上結合的形式舉行，總共有三千六百名參與者，分布在大約四十個地點。

我把會議的時間長度設定為兩小時，在最初的六十分鐘，我提交了一份狀態報告，並陳述我和經營團隊設定的目標。我說了實話——我們沒有達到業績目標，而且成本正在節節高升。我直截了當的表示，我們必須立即採取行動，在降低成本的同時，開始實現目標。

我和員工們說明，我們需要「穩定公司」。我解釋道，我們將迅速採取行動，刪減與創造營收無關的支出和提案。這將使我們能夠專注於對成功最為重要的優先事項。

在說明了不假掩飾的真相，不好聽的、醜陋的和還不錯的部分之後，我明確的告訴員工接下來我打算做什麼，那就是執行我在上一節中概述的四個步驟。我解釋說，這四個步驟將使我們能夠共同扭轉公司的局面，爭取到成長的機會。

全體員工大會的第二個小時，全都用於回答與會者的問題。隨著營收、現金和士氣的下降，時間就是我的敵人。

最初的一百天目標，是加速改革和爭取成長的機會。加快我對公司了解的另一種方法，就是在員工大會之前起草並分發一份問卷。我要求員工能回答多少問題就回答多少。確保在大廳會議前員工們已思考過他們的答案，以便我能獲得這些回覆。我選擇了一些問題，要在大廳會議上提出來討論。在此之後，如果時間允許，我會開始想到什麼就問什麼。

用問卷加速你的學習

以下是問卷內容的參考範例。

一、關於過去的問題

關於績效：

- 公司過去的表現如何？是好是壞？
- 設定過哪些目標？
- 採用過哪些基準衡量表現？
- 當未達成目標時，採取過哪些行動？
- 過去曾經進行過哪些改革舉措？
- 誰要對改革計畫負起主要的責任？
- 這些改革嘗試的效果如何？

- 哪些因素對業績產生了正面的影響？為什麼？
- 哪些因素對業績產生了負面的影響？為什麼？
- 公司的策略、結構、技術能力、文化和政治，如何影響績效？

二、關於現在的問題

願景和策略：

- 公司是否有明確的願景陳述？如果有，是什麼？
- 公司是否有清晰的策略闡述？如果有，是什麼？
- 公司的策略是否以最佳的方式執行？
- 如果不是，為什麼？如果是，這是致勝策略嗎？

關於團隊：

- 誰是最出色的員工？
- 誰是稱職且有能力的員工？

- 誰不是稱職且有能力的員工？
- 誰值得公司完全的信任？
- 誰不值得公司完全的信任？
- 團隊中誰有影響力？他們影響力的來源是什麼？

公司政策和程序：

- 公司最重要的程序和習慣做法是什麼？
- 基本程序和習慣做法是否促進價值、生產力和安全性？
- 可以做什麼事，以提高程序和習慣做法的績效？

關於潛在風險和危害：

- 是否有威脅公司業績的潛在風險和危害？
- 公司是否面臨文化／政治風險或危險？是什麼？

關於輕鬆得到的勝利：

- 哪些業務領域可以輕鬆且快速的取得成功？

三、關於未來的問題

近期的挑戰和問題：

- 企業在未來一年可能會面臨哪些挑戰和問題？
- 我們應該如何準備迎接和克服這些挑戰？

近期的機會：

- 前方有哪些尚未嘗試過的機會？我們需要做什麼來實現這些？

障礙：

- 我們接下來面臨哪些重大障礙？
- 我們現在需要做什麼，以預先準備，克服這些障礙？

企業文化：

- 公司文化需要改變嗎？
- 公司的哪些文化應該保留？哪些應該改變？

在第一次核心會議和員工大會後，我看到、聽到並了解很多關於公司的資訊，我與整個團隊會面，並回顧了我在員工大會上說過的許多內容。「我想分享一下我們現在的情況，我們要往哪個方向發展，以及將如何實現。」我從不指責任何人，當然也沒有將事情個人化。我重複了我在員工大會上說過的真相，就是儘管成本升高，但公司仍未達到營收目標。我的目標是透過說明我們面臨的困難，以及能夠共同實現的目標事實，加速與組織建立連繫。

在艱難的情況下，真相儘管讓人痛苦，卻也具積極、正向的一面。我在第二節介紹過的海軍上將史托克戴爾，他就學到並且分享了這個教訓。那些與他一起在越戰期間成為戰俘被監禁的人，他們面對事實、避免自滿和一廂情願的想法，以及從未失去最終會獲勝的信心。正如史托克戴爾對柯林斯的解釋，不能讓一廂情願的樂觀想法，導致你放棄面對「當前現實中最殘酷事實的紀律，無論現實是什麼」。這個「史托克戴爾悖論」可以幫助你保持紀律，找到解決最壞問題的方法。你需要的是一個程序，以及遵循這個程序的紀律。有了程序，就可以理性的希望，而不會恐慌的絕望。

恐慌和絕望是無所作為的產物，一種不知道該做什麼、無能為力的感覺，無法讓人做任何能扭轉局面的事。所以，當我進入一間表現不佳的公司時，我的目標是讓人們有事可做。我提供指導。就像我被僱用時經常出現的情況一樣，需要做的第一件事或前幾件事非常顯而易見。房子失火了，你就滅火；船漏水，你就堵住漏洞。我在信中重複我在大廳會議上所說過的話：「我們將迅速刪減支出及與創造營收無關的事項，將注意力集中在對我們成功最重要的優先事項上。」

在這之後，我邀請整個團隊與我一起展望未來。這一點特別重要，因為這些人完全不確定自己是否有任何未來，至少在雷霆中沒有。我沒有向任何人承諾他們會成功，但我確實向他們承諾了有效的改變：「在接下來的幾天、幾週和幾個月，我們將進行許多改變，以確保這間公司的營運方式足夠健全。」

即使只是承諾改革，這件事也很重要，身陷面臨困境或逐漸衰落的組織中，大多數的員工也明確知道他們需要改革。他們稍加思考就會明白，無需任何人告訴他們。要使明天和今天有所不同，他們必須今天就做一些不同的事。我在信中詳細說明了實現這些變化的四個步驟。正如我所說：「這些變化將與我的四步驟系統相關，這需要三到四個月才能完成。」我特意選擇系統這個詞，因為這比計畫更吸引人。

系統是一套原則和程序，告訴每個人如何做某件事，它是一個組織良好的框架，一種經過測試的方法。而計畫則是表達了一種願望、一種希望、一種意圖。用四步驟來修飾系統這個詞，你就會賦予它很多精確性。它有四個步驟，不是三個，也不是五個，當然也不是好幾個或一大堆。這種明確性令人立即覺得我的解決方案值得相信。如果系統有明確的時間範圍，影響就會更大，例如三到四個月。

為什麼我要強調這是我的四步驟系統？我要聲明，這個「系統」並非我獨創的，但我聲稱擁有它，是因為我反覆運用這個系統而且成效卓著。我說這是「我的」，代表我對組織的承諾，也就是說，我了解這個系統，具有執行系統的專業知識，並且對這個系統負起完全的責任。我在帶領每個組織時採取的第一步，就是我承諾會負起責任。我非常清楚，毫無疑問的知道，我控制著這個系統。

07 八二框架工作流程

「不容修改的計畫，是差勁的計畫。」

——普布利烏斯．西魯斯（Publius Syrus）格言，西元前一世紀

第一步，設定目標。這一步確立了需要完成的任務，並指出該如何達成這項任務。第二步則是制定策略，使公司能夠爭取到成長與獲利的機會。一百天過得很快，因此速度非常重要。越早修正策略，就會越早停止現金流損失。不要指望在第二步中制定的策略草案，能夠永遠指引公司走下去。你只需要這個策略來推動企業進入第三步，在這個步驟中，執行和營運團隊會為策略架構增添實質內容，並為企業未來的發展提供一個新的結構，以促使公司聚焦在客戶群和產品供應上的進程，推動獲利成長。

在執行第二步時，我們不求完美，只求進步。在第一步目標會議後的三十天內安排

第二步策略會議。使用八二法則找出公司所做的哪二〇%工作，產生了八〇%的收入。了解這一點使你能夠快速區分哪些有效，哪些無效。你將需要立即收集公司的產品和客戶的資料。

你無法單靠蒐集數據，就明白接下來該採取什麼策略。你和團隊必須根據第一步設定的目標選擇策略。除非你有必須優先處理的嚴重問題，否則請專注於一項能發揮核心優勢的策略就好。讓你的策略根基，建立在能發揮核心優勢的方案上。一旦你決定以此作為策略，資料就會告訴你實現目標的最佳方法。從現在開始，你的決策必須以這些數據知識為基礎。

確定核心優勢的方法，是利用八二法則進行簡化、區分，以集中資源。請記住，**在最初的一百天內，你要優先考慮的是速度**。你必須放棄對完美的追求。因此，請務必認知到，你在短短幾天內建立的策略草案，並不是為了引導公司走過接下來的漫長歲月，而是為了推動組織進入下一步，也就是第三步：由高階經理人和管理團隊為策略提供具體內容，並為公司設計接下來的發展架構。這個架構將實現、促進公司對關鍵客戶、產品的投入程度，以利第一年度結束前，達到利潤成長的目標。

第二步應該出現的策略，需要依據現實情況，進行配合調整。就像第一步和第三步一樣，第二步的安排是為了將組織推進到最後一步，也就是行動計畫。這將是前一百天內必須收穫的重要成果。

在第一步中設定目標，需要評估公司的過去和現況，並著眼未來。「要使明天與今天有所不同，就得在今天做出改變」，這個道理同樣適用於本書第二章囊括的四個步驟。現在，為了實現第一步設定的主要目標和計畫，你必須從情況評估中獲得觀察，並將它轉化為策略框架，以建構一個能策略性執行目標的結構。

獲利成長營運系統的第二步，通常會在管理團隊舉辦的一連串會議中展開。他們會分析最新的數據，與前一年收集到的資料進行比較，然後利用這些結果形成的框架推動決策，這些決策將引導第三步中要建立的策略結構。在第二步的框架中，管理團隊需要決定實踐公司長期目標（三到五年）所需的具體內容，即更加明確的目標細項。一旦目標細項被明確提出，就必須確保整個組織在這些項目上達成共識。

把策略看作是制定並交付給組織的業務計畫鷹架。在第二步中搭建策略鷹架，會羅列出實現這些目標所需的具體事項和措施。這些策略的說明，必須能夠回答以下五個大問題：

一、實現突破性成長和業績所需要的條件是什麼？

二、需要哪些差異化因素才能獲得成功？

三、有哪些能把握的潛在機會或問題？例如，新產品開發、產品線擴展、收購等。

四、最有價值的機會是什麼？例如，考慮新產品線的潛力，以及是否負擔得起。

五、向團隊提出、也請好好思考這個問題：需要優先考慮的幾個關鍵措施是什麼？

執行框架

八二法則框架使管理者能根據組織對「關鍵少數」優先事項的策略調整，來制定業務計畫。在確定了策略的一致性後，下一步就是建構跨職能（按：跨職能團隊〔Cross-Funtional Team〕指涉由不同部門團隊成員組成的固定或臨時工作小組）的執行計畫，以實現可獲利的機能性成長（按：Organic Growth，意指企業透過內部資源、現有產品和市場的擴展，實現的自然收益成長，而不依賴外部收購或合併）。一旦這個協調的執行計畫形成後，框架就會使團隊透過投資地域和產品線擴張來成長。協調的工作流程最好以圖形方式繪製和呈現。

舉個例子，左頁圖3是我在鳳凰工業使用的一張圖，用於列出八二法則獲利成長營運系統策略框架的工作流程：

策略一致性要從資料收集開始。在這個數位化的時代，我們有大量的資料能收集。首先，把收集到的資料區分至四個象限，如第四節所述。確定前二〇％象限和其他象限後，把資料填入四格圖中：

一、購買A級產品的A級客戶位於象限的左上角，這個象限通常稱為「堡壘」（The Fort）。

二、將A級客戶／B級產品組合放入第二象限，這個象限叫做「必要之惡」。

三、將B級客戶／A級產品群組分為第三象限，這個象限用來處理「交易型業務」（Transactional Business）。

▼圖 3　八二法則執行框架。

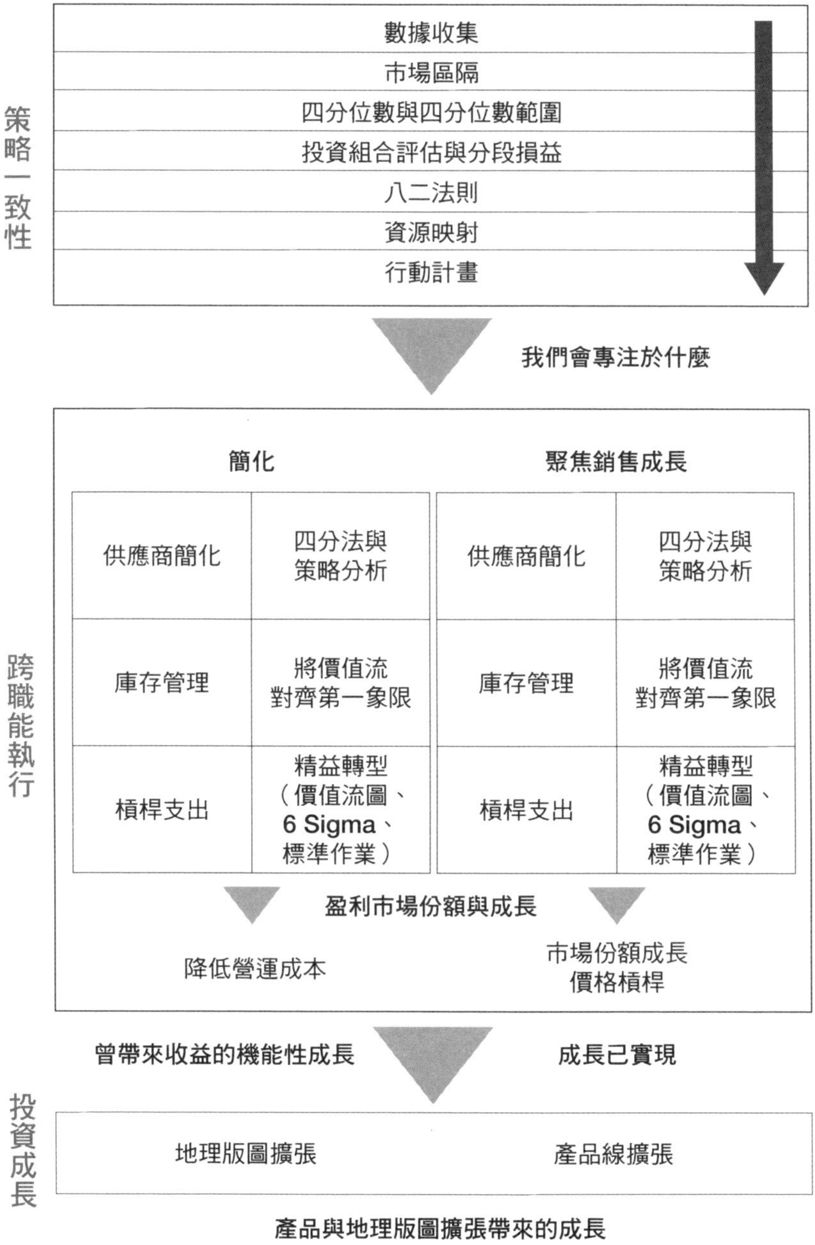
策略一致性
數據收集
市場區隔
四分位數與四分位數範圍
投資組合評估與分段損益
八二法則
資源映射
行動計畫
我們會專注於什麼
跨職能執行
簡化
聚焦銷售成長
供應商簡化
四分法與策略分析
供應商簡化
四分法與策略分析
庫存管理
將價值流對齊第一象限
庫存管理
將價值流對齊第一象限
槓桿支出
精益轉型（價值流圖、6 Sigma、標準作業）
槓桿支出
精益轉型（價值流圖、6 Sigma、標準作業）
盈利市場份額與成長
降低營運成本
市場份額成長
價格槓桿
曾帶來收益的機能性成長
成長已實現
投資成長
地理版圖擴張
產品線擴張
產品與地理版圖擴張帶來的成長

四、將B級客戶／B級產品群組歸納於第四象限，這個象限的產品必須漲價，或完全退出市場。

市場分區的目的在於，找到適當的方式，應對四象限中每一格中的客戶／產品組合，進行策略性的資源分配。首先要確保堡壘區得到最佳服務，將資源聚焦於此。一旦第一象限的資源得到充分的分配，管理團隊就可以策略性的將剩餘的可用資源分配給第二和第三象限。

第二象限的目標，是為購買B級產品的A級客戶提供充分的服務。「充分」是指為這些客戶提供的服務水準不多也不少，以確保能留住他們，而且B級產品的性能就是B級產品的水準。這就是為什麼我們稱這個象限為必要之惡。你必須盡一切努力留住A級客戶，並將公司的定位為從目前的B級升級，或是從外面找到更多（也就是新的）A級客戶。

應對第三象限中購買A級產品的B級客戶，你的目標應該是使用最少的資源來提升銷售量。在這個象限中的業務是機會性，而不是策略性的。因此應該以交易為重點，而不是關係。你可以利用數位技術，透過機器和軟體線上處理這些銷售過程，而不是請真人員工執行。

最後，面對右下角第四象限中的客戶和產品，必須結合漲價、資源減少和銷售限制的方式（例如要求最低採購量、僅限線上銷售、僅限信用卡／簽帳金融卡採購等）來處理，將銷售的成本降至最低。並且淘汰無法透過這些方式或漲價，來獲取充分利潤的產品。如果產品不賺錢，你就會賠錢，所以表示這些產品正在扼殺你。你放棄這些產品時會失去客戶，但是這些客戶也正在扼殺你，所以這些客戶的離開，可以為你的公司帶來好處。

處理第四象限的顧客會讓一些經理感到良心不安。他們可能覺得區別對待不同客戶的做法並不公平。事實上，這種不平等的對待方式是恰當的。首先，你的對象是「客戶」，而不是「個人」；再者，誤將賺錢的客戶視為無法獲利，對客戶和你的公司反而更不公平。

在對客戶和產品進行區分、填入各象限後，團隊必須更深入的分析公司的投資組合，針對分區的損益表（Profit and Loss Statement，簡稱 P&L）進行分析。舉例來說，假設你的分析得出了有關四個象限的以下結論：

第一象限：六四%的總營收；二〇〇%的總獲利。

第二象限：一六%的總營收；損益平衡。

第三象限：一六%的總營收；二〇%的總獲利。

第四象限：四%的總營收；負一二〇%的總虧損（正在扼殺你。）

第一和第三象限裡的客戶與產品組合，一共為公司帶來了二二〇%的獲利。但第二象限本身的收支持平，既沒有虧損也沒有獲利；而第四象限的虧損為負一二〇%。案例中所描述的公司就像一輛四缸汽車，只靠一個汽缸（第一象限）在運行，另外兩個汽缸（第二和第三象限）幾乎沒有發揮，還有一個汽缸（第四象限）在拖累公司。

深入的分析，需要將實際的產品類別（甚至是最小庫存單位）分類到每個象限中，以便仔細評估公司產品群組的績效。這將會引導你們進行一場更有意義的討論，制定出公司的「八二法則憲章」，它能回答以下這個問題：「我們將保留哪些產品／產品類別，以建立最佳組合？」換句話說，我們究竟該投注心力在什麼業務上？

你的管理團隊和經理人可能無法在最初的一百天內做出完整的分析。但你還是要取得足夠的資料、進行充分的分析，以繪製出大致的總體趨勢圖。這足以讓團隊做出正確的決定，並以此為基礎採取良好的行動。一旦你實行策略，就會產生可衡量的結果，這些結果將指導你，在接下來的一整年調整業務和行動計畫。正如拉丁作家普布利烏斯·西魯斯在西元前一世紀所說的：「不容修改的計畫，是差勁的計畫。」

跨職能執行

從策略一致進入跨職能執行階段，團隊得優先執行以下兩個事項：簡化和聚焦銷售成長。這兩者都必須依循八二法則的邏輯執行。這項任務的核心目的，是設計出方法，將八〇％資源的分配最佳化、集中於第一象限。我們必須從第四象限抽調資源，投入第一象限中。此外，你還需要盡一切可能的減少整個組織的摩擦，並提升效率。例如：

- 為每個象限制定條款和服務級別協議（按：Service-Level Agreement，簡稱

ＳＬＡ，記載廠商預計對客戶所履行承諾的正式文件），並確保將服務集中於第一象限。

- 將所有價值流（按：指將產品從原材料狀態，加工成客戶可以接受的成品的一整套操作過程，包括增值和非增值活動）調整與第一象限一致。
- 精簡營運流程（請參閱第十三節），並持續調整、改進標準。
- 簡化供應商名單，整合並減少整體供應商的數量，以確保能爭取到大量採購的優惠價格。
- 透過即時生產（Just-in-Time，簡稱ＪＩＴ）等措施，改進庫存管理。
- 透過策略性紀律，提升支出效益。

這些行動將降低營運成本和固定費用，可望提高獲利占比。

要實現營收成長，你需要維持市場推廣策略與象限的一致。你必須在第一象限使用投注最多資源的策略，例如諮詢式銷售（consultative selling）以及如安裝、校準等加值服務。要能夠恰到好處的聚焦在能帶來收益（也就是具備獲利能力）的業務上，就必須簡化產品線，專注於創造八〇％營收的Ａ級產品。你的定價應該具策略性，客戶等級、最低訂單量、自動重新訂購等因素，都是你該參考的定價依據。象限規範和服務級別協議的訂定，必須以第一象限的利益為優先，將成長計畫聚焦於為你創造八〇％營收的產品和客戶。

以聚焦營收成長為目的採取的行動，其目標都應該是擴大市占率，並利用價格創造得以獲益的機能性成長。一旦確保了這一點，就可以將八二法則的框架，應用於超出機能性獲益成長策略以外的獲利方法，例如投資於更多的地點和產品線。

優先處理可掌握的事

八二法則能協助我們確定哪些產品和客戶群最能獲益。別把這種做法，和依靠容易的方法賺錢混為一談，這只是為了找出哪些產品和客戶群，最值得你投注心力。

無論何時獲得成功都是件好事，但在一開始就取得勝利是最理想的情況。早一點獲得成功既能產生動力，也能使團隊建立起信心。過去我曾帶領的一間公司中，有四個部門，在此暫且稱之為ABC、DEF、GHI和JKL。我們確定了這些部門中，誰最有機會邁向成功。

ＡＢＣ提供商品（Commodity）作為服務，在我們研究這個部門時，發現它擁有許多重要的特質，使其掌握獲利的最佳途徑。

ＤＥＦ受限於根深柢固的行政體制，和許多優先事項的阻礙。要解決這些問題，還有很多工作要做。

ＧＨＩ有太多待辦優先事項，並可能受到效率低下但根深柢固的行政體制阻礙。同樣的，這裡也有不少工作要處理。

ＪＫＬ經營得很好，但是市場已經飽和。因此，可能要關閉這個部門，或併入（簡化）另一個部門。

顯然的，ＡＢＣ需要獲得最優先的關注，這不是因為它做得不好（且實際情況正好相反），而是因為它是創造八〇％營收的部門，所以是龐大的獲利來源，這是可以成長的部門。

關鍵比率

確定哪間公司或什麼要素最能獲利的常見方法，就是分析「關鍵比率」（Key Ratios）。較常見需要考量的關鍵比率包括：

- 營運資金比率（Working Capital Ratio）：將流動資產除以流動負債，可以揭示公司履行當前財務義務的能力。
- 本益比（Price-Earnings Ratio，簡稱 P／E）：將目前股價除以每股盈餘，得出投資人為公司每賺取一美元的獲利所支付的價格。
- 資產報酬率（Return on Assets）：將淨利除以總資產，揭示公司賺取的獲利與其可用資源的百分比。
- 股東權益報酬率（Return on Equity）：淨利除以股東權益，顯示經營團隊利用投資人資金的效益。

實用的輸出

在建構策略（第三步）並啟動行動計畫（第四步）之前，應用八二法則框架的成果，在第二步之後，應該要有一個清晰的總結（根據八二法則所做的分析），說明組織將在哪些領域競爭、如何競爭、需要具備哪些競爭能力，以及為什麼公司能成功。這些分析結果必須在目標（扭轉公司並獲得成長機會所需的數字）、公司目前的使命和願景，以及顯示先前績效趨勢的歷史資料背景下進行評估。

步驟二的結果必須指定建議的策略要務和優先事項。用具體的參考理由和範圍，以及任何有關風險價值與價值創造潛力的討論，來定義每個優先事項和當務之急。針對第二步，有一個良好的經驗法則，那就是將每個策略重點事項，與三到五個策略措施相關聯，這麼做能夠實現以下全部或部分目標：加強核心（對應於第一象限的「堡壘」）、提高市場吸引力，以及提升競爭地位。

08 撰寫企劃書

「事情必須按照你希望的方式發生。」

——布雷茲・帕斯卡（Blaise Pascal），《思想錄》編號五〇五（*Pensées*, no. 505），一六七〇年

最初一百天採取的四個步驟，都是朝著企劃書制定和行動計畫的方向前進。第三步，建立結構是企劃書的核心；而在第四步中，我們啟動行動計畫，以開始執行策略。當然，目前的企劃書仍處於初步、片面的階段，隨著計畫在未來三到五年的現實中經歷考驗，它可能會有所變動。

在第三步驟形成結構，是為了將第二步完成的概述策略（建立策略）轉化為可實踐的計畫。轉換的工具是八二法則分析，它將業務組織成多個部分，以集中精力專注於能

夠產生策略成長的客戶和產品上。我在第七節中提供了一個八二框架的圖形說明（見第一一五頁），在此我要再重複一遍。

第二步要做的，是策略性的調整，也就是確定公司是否有專注在能夠獲利的機能性成長事務，以及針對這些目標的跨職能執行上。第三步建立在策略調整和跨職能執行的基礎上，提供如何實踐這些職能的方法，透過降低營運成本和機能性營收成長，來增加市場上的獲利占比。第三步還將公司推向了超越實現獲利的機能性成長階段，並概述透過地理版圖（地區）和產品線擴張，來投資進一步成長的計畫。這個企劃書的整個順序，會應用八二法則來管理，以確保資源的策略分配。

發散思維和收斂思維

八二法則是一項清楚且具指導性的原則。然而，儘管它會根據數字，告訴你該做什麼，卻不會告訴你可以透過什麼方法具體執行。和其他以規則為基礎的程序一樣，你仍需要去思考，該用什麼方法執行。我們在第三節提到的發散思維和收斂思維，你得先從發散思維開始，集思廣益，討論在第一步和第二步中，從情境評估中收集到的見解。你得衡量收集到的結果，透過它們確認可行的策略選項，以實踐第一步中所設定的目標。

請針對以下業務範疇，制定可執行的策略選項：

- 鄰近關係。
- 新市場和產品開發。
- 收購和資產剝離（按：企業出售、轉讓或分拆部分資產、業務或子公司，以實現特定財務或策略目標）。
- 人脈／足跡。
- 製造／採購決策。
- 新功能建設。
- 核心業務改進。
- 提高市場吸引力。
- 改善競爭地位。

在列出可行的策略選項後，就必須從發散思維切換為收斂思維。將腦力激盪清單過濾成一份簡短清單，其中只包含最關鍵的問題和能帶來最高價值的機會。使用這份清單，擬定策略的初步行動。運用收斂思維的過程，你可以預先檢視要執行目標得採取的行動。使用收斂思維的目的，是為了制定一個能完整回答以下三個問題的完整策略：

一、我們將在什麼地方競爭？

二、我們要以什麼方式競爭？

三、我們將如何獲勝？

回到第一步，你為整間公司設定了三年或五年的財務目標，現在可以在每項業務範疇，或每個產品線中初步制定具體的財務目標。這種方式，能幫助你審核公司的整體策略，評估它是否有充分的機會實現第一步目標。如果策略有不足之處，目前無法達到目標，請尋找並確定是否有任何資源分配和能力缺口。若要補足這些缺口，請檢視可以從第二到第四象限移動哪些額外資源，以便為第一象限的客戶和產品提供服務。接下來，列舉你確定的可用選項之間的權衡。這些是企劃書要保留的關鍵策略目標。

▼圖 4　發散與收斂思維的角色。

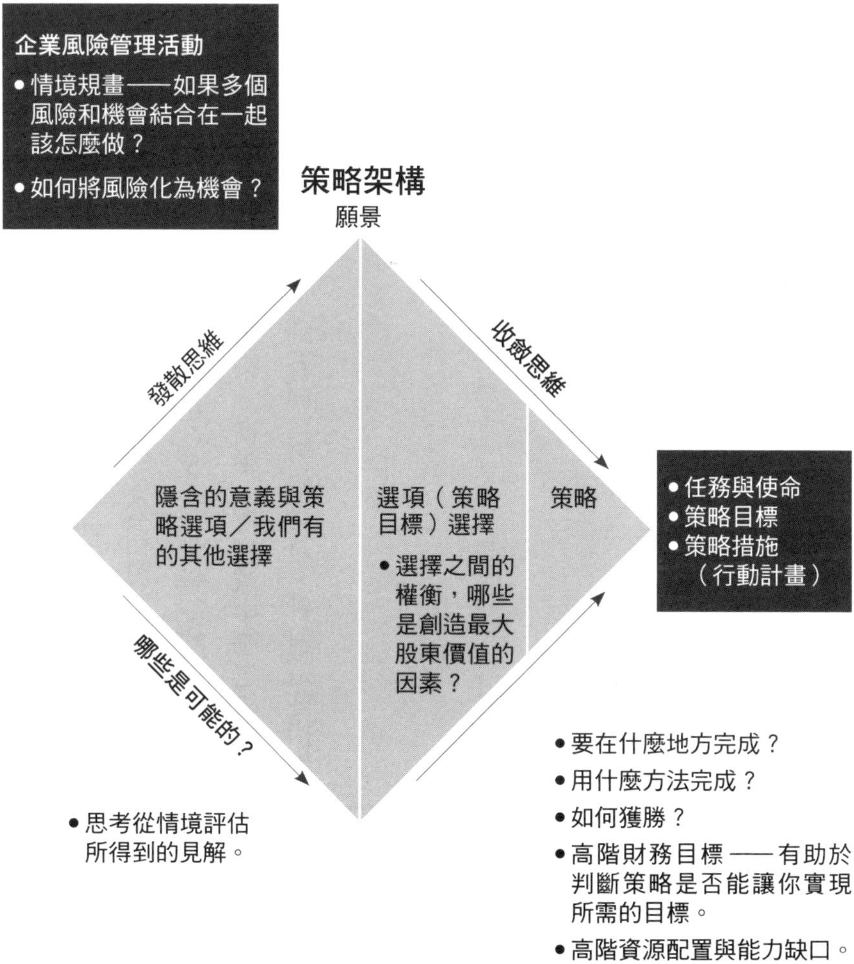
企業風險管理活動
• 情境規畫——如果多個風險和機會結合在一起該怎麼做？
• 如何將風險化為機會？
策略架構
願景
發散思維
收斂思維
隱含的意義與策略選項／我們有的其他選擇
選項（策略目標）選擇
• 選擇之間的權衡，哪些是創造最大股東價值的因素？
策略
• 任務與使命
• 策略目標
• 策略措施（行動計畫）
哪些是可能的？
• 思考從情境評估所得到的見解。
• 要在什麼地方完成？
• 用什麼方法完成？
• 如何獲勝？
• 高階財務目標——有助於判斷策略是否能讓你實現所需的目標。
• 高階資源配置與能力缺口。

收斂思維是協助我們將注意力集中到最佳選項上的好方法。你可以透過評估這些選項的收入和獲利潛力、可負擔性，以及在公司現有核心競爭力和策略資產（core competencies and strategic assets，簡稱 CCSA）背景下的執行難易程度，篩選出除了最高價值機會之外的所有機會。接下來，從第一次刪減中篩選結果，直到你剩下實現目標所需的「關鍵少數」（通常是三到五個）策略計畫。針對這些措施中的每一個，收斂思考會議應列舉以下事項：

一、需要的關鍵改變。
二、財務分析和預測。
三、資源要求。
四、風險評估。

當你將重點縮小到關鍵的計畫和專案，以及執行策略優先事項所需的行動、資源、組織影響和投資時，請在涵蓋未來三到五年、快速而粗略的長期財務預測中，評估每項專案（視你的企劃書時間範圍而定）。若有任何市場擴張機會（包括併購），都應加以概述並總結風險。

到這時，你應該已經完成企劃書的架構。它應該清楚的指出業務範圍，以及策略資產和核心能力，以確保團隊有紀律的專注於優先事項。它應該解釋相關的市場和客戶動態、競爭環境、公司定位及其競爭優勢的來源。

關注是否進步，而非是否完美

一份商業企劃的重點，在於它是否建立在既有的策略架構之上，且能夠展現管理團隊的成功願景。你可以把它視為公司在未來一年或一段時間內，將在哪裡、用什麼方式實現成功的願景。成功的面向可以包括客戶、產品和營運效率。關於未來，你必須回答的問題是：我們在競爭激烈的市場中的定位是什麼？

沒有任何願景一開始就是完美的，但它可以不斷改進，通過現實與時間的考驗。而在最初一百天這個短暫的期間，願景的目的，是要讓團隊朝著正確的方向前進，為發展做好準備。採取行動的欲望，是驅動團隊在最初一百天內持續前進的動力。

在思考「我們的定位是什麼」之前，應該要先思考「市場在哪」，這定義了公司的短期和長期策略性客戶（A 級客戶）是誰；同時你也該思考接下來「該怎麼做」，找到以獨特方式滿足公司 A 級客戶的方法。這項策略必須至少為經營團隊所定義的「長期」時間線，創造可持續的競爭優勢。在現實情況中，策略的成功可以透過它是否使公司達到，或超過第一步中定義的目標判斷。

企劃書的樣式各有不同，但目錄通常一樣。對於需要轉虧為盈的企業，請從第一步的目標和使命宣言開始，說明公司將如何、在哪裡贏得市場。

接著，列舉與去年相比的主要變化有哪些。如果你不知道自己正在哪裡，就不知道要往哪個方向去；如果你不知道之前自己在什麼位置，就不會知道自己現在的定位。計畫應該強調公司、市場、技術的重要變化，以及競爭環境中造成重大影響的變化。重點應該放在將影響未來業務的變化上。在可能的情況下，所有更改都應該以數字來定義——金額、數量和百分比。

接著是情境分析。這要採取自我批評的方法，呈現有關業務當前和歷史狀態的事實，強調公司在哪些方面成功、哪些方面沒有。情境分析應該要有意義，且具有一定的詳細程度。例如，業務可能要按照主要產品線區分。其中A級產品應該按照成長幅度和獲利能力被區分、辨識出來。

其他區分方式，還包括按各地區或國家所做的績效分析。營收分析可以按管道進行區分。對技術相關趨勢、市場規模和成長、依產品類型和客戶區分，以及競爭對手市占率的分析，也具有潛在的重要意義。同時，策略也應該提供關於市場分析的結論。

在三年或五年目標（第一步）的預設情況下，重申或制定三到五個高優先順序目標，這些目標可能與以下內容相關：

- 待滲透的客戶市場。
- 待開發的產品。
- 接觸已確定客戶群的管道。
- 營運效率。
- 需要的資料。

有了這些資訊，這個企劃書就足夠完整了，你可以開始啟動行動計畫（第四步）。

09 誰來做、做什麼、何時做

「對於必須在做之前學會的事，我們要從做中學。」

——亞里斯多德（Aristotle），《尼各馬可倫理學》（*Nicomachean Ethics*）

西元前三百年，第二卷，第一章

初始一百天的第四步，也是最後一步，就是起草和實施行動計畫。該計畫定義了在第三步概述的八二分段結構中，執行策略（第二步）所需的必要條件和方法。與前面的三個步驟一樣，第四步的目標是實現目標（第一步）的進步，而非達到完美。最初一百天的每一天，都要致力於做出合理、明智的決定，並根據這些決定採取行動。無論多麼不完美，行動都會使公司策略走入現實中，它不僅能開啟所需的轉型，還會不斷在現實中接受考驗，持續被改進。

在執行之前，企劃書只是一份尚未被實踐的規畫。行動，不能只是一個構想或描述，它需要採取行動者在特定的時間做出特定的舉措。透過分配有助於將計畫轉化為行動的人員、工作和時間，成功的行動計畫將流暢的連接起企劃書策略，並賦予生命。

一、人員包括了直屬主管和負責運作實施各項商業計畫的人。顯然，指派人員非常重要，因為在採取行動之前，計畫不過是一個抽象的概念。商業計畫中，人員對內部人力資源（晉升、轉職、調動等），和可能的公司外部人才招募，具有重要的影響。

二、每項工作都必須被清楚的定義為一個行動，或一系列具體的措施，且應該考量到執行這些事項所需的任何資源。

三、每段時間都必須被設定好明確的日期。這表示企劃書需要務實，而且按照實際情況協調時程。

總而言之，行動計畫包括人力資源、財務和物流方面的問題，這些問題需要在足夠詳細和明確的計畫中解決，以確保這三件事的每一件都可行，也就是能夠成功執行，進而產生獲利成長。

啟動計畫

在最初的一百天內，你的企劃書（第三步）是一項正在進行的工作，但已經有足夠的進展，需要一個行動計畫（第四步）來安排其執行。行動計畫將在一百天後啟動。在初期階段，行動計畫也絕對不是完美的，但足以定義執行關鍵策略，和其他正在進行的工作所需的努力，也就是商業計畫（第三步）。

在初始的一百天內，得制定一個高層次的行動計畫，該計畫應該要明確規定推動你朝向第一步目標所需的主要行動。這個高階計畫應該盡可能的進一步細化，將高層次的元素分解為多個具體任務。制定有效行動計畫的祕訣顯而易見：從行動的角度思考。

一、回顧商業計畫中，定義的最終目標。這個步驟強化了定義行動所需的詳細資訊。「最終目標」（goal）是企劃書中設定策略的預期終點，這是策略的產物。

二、摘要企劃書中定義的目標。最終目標和「目標」（objectives）並不是同義詞。最終目標是我們想要達到的終點，而目標則是達到目的前的一些里程碑，以及到終點之前可交付的成果。最終目標由一些里程碑所組成，當所有的里程碑都成功實現時，就是實現了最終目標。定義里程碑當然比概述目的要來得更細緻、更具體。

三、定義並制定行動步驟，以實現企劃書中概述的每個目標。每個行動步驟是一組相關任務，必須成功執行這些任務才能產生可交付結果。這些可交付成果共同組成了企劃書中設定的目標。在最初的一百天內不可能列出所有的目標。

四、確認所有必要的行動項目，並確定其優先順序。行動步驟通常由一系列較小的任務組成，這些任務可能稱為「行動項目」。分解並確定它們的優先順序，為成功完成每個步驟提供一組明確的說明。

通常行動項目必須或應該按最佳順序執行。這需要確認哪些行動項目依賴其他行動項目先完成。確認這種依賴關係，就能確認哪些事項要在什麼時候完成。至少，按附屬關係排序可以提高效率，並允許在團隊之間協調工作。

用「豐田之道」（按：汽車大廠豐田在生產系統中應用的一套管理理念）的術語來

說，這將「無駄」（浪費）降到了最低。在第四步中，布置行動步驟和項目的圖形時間線可能最有幫助。一段時間下來，以圖形表示行動，可以將專案管理簡化，並以精簡管理（lean management）而言重要的方式，提升責任的承擔。同樣的，不可能在行動計畫中列出全部，因為這是在第一個一百天內的事。

五、定義角色與職責。在定義、區分和細分執行行動計畫所需的工作後，下一步就是確定負責人員。現在，是時候分配每個操作步驟中，專案項目的負責人了。那些為整個專案或單項行動項目分配任務的人，必須完全了解他們的角色和職責。步驟五是定義和分配這些內容的時機。你得盡可能在行動計畫的前一百天結束時，安排每項任務的內容。這些角色與職責在未來三到五年內，可能會根據企劃書的適用範圍，產生變化。

六、分配資源。步驟五將管理資源分配給構成行動計畫的專案和操作項目。步驟六除了分配管理人員與職責外，還要分配每個專案所需的額外人力與資源。其他資源可能包括資金、設備、廠房、材料、優化運算時間、外部顧問、工作空間、特殊認證或許可證等。

資源分配必須在整個企劃書的框架下進行。如果不這麼做，將無法實現最佳成果，也就是資源分配不足或效率低下，這是浪費的主因。在最初一百天結束時，盡可能的完成這項任務，並了解資源的配置可能會因應當下的情況調整。

七、將SMART標準應用於目標。行動計畫需要對績效進行密切監控和持續回饋（請參閱第一四二頁的執行、檢查和行動）。依賴主觀評估、感覺和直覺來評估實現目標進展是不對的。

一九一一年，弗雷德里克．溫斯洛．泰勒（Frederick Winslow Taylor）強調，測量所監控內容的重要性，並利用由此產生的實證數據資料，來找到運行每個生產過程的最佳方法。這是他科學管理理念的基礎。這種量化、客觀的方法，將透過縮寫「SMART」來表示：明確（specific）、可衡量（measurable）、可分配（assignable）、實際（realistic），以及有時限（timerelated）。所有行動步驟和專案都應該具備這些品質，並應根據這些來評估進展。以SMART的這幾個詞來評估每個目標和可交付成果，以便你可以確保準確評估實現業務目標的進度。

八、分配時間。每項專案都需要時間，而分配時間需要有時間表。將行動步驟分解為具體的執行項目，並為每個項目提供合理的截止期限。

SMART目標

SMART目標是明確、可衡量、可分配、實際而且具有時限性，這代表了可以有意義的評估實現這些目標的進展。行動計畫中的這一步，是評估並在必要時修改或完善企劃書目標的重要機會。如果在制定行動計畫時，你發現某個目標不符合SMART的標準，也就是無法使用可衡量的資料來客觀的評估它，那麼一定要修改該目標，使其符合SMART的標準。

目標是否具體？也就是說，誰將參與實現目標？需要哪些資源？為什麼這個目標很重要？

目標是否可衡量：「可衡量的事，就能被完成。」這句話經常被認為是管理大師彼得．杜拉克說的。無論他是否真的說過這句話，它的確深具意義。人們必須知道自己要去哪裡、已經走了多遠。目的和動機與衡量密切相關。當人們爭論這句話的來源時，他們確信這句話的另一位著名引用者——尤吉．貝拉（Yogi Berra）曾說過：「如果你不知道自己要去哪裡，最終可能會到達別的地方。」對重要目標而言，設定專案里程碑有助於進一步幫助你衡量進展，並指引方向。

目標是否可指派：能否將實現目標所需的行動，指派給執行這些步驟的經理和員工？組織是否擁有能夠完成這些工作的員工？如果沒有，能找得到這樣的人嗎？

這項目標是否實際？詩人羅伯特．布朗寧（Robert Browning）說：「一個人的目標應該超出他能觸及的範圍，否則天堂的存在又有何意義？」儘管這句話具有高尚的情操，但設定和衡量一個不切實際的目標毫無意義。一定要評估可行性。

目標是否有時限性：每項目標都必須具有明確的時間限制，不能是開放式的，必須設有截止日期，且必須評估截止日期的可行性。時間是一個可衡量的維度，它必須被衡量與控制。沒有截止日期，協調多項任務的難度將會提升，且完成目標的動力也會被削弱。

採取行動

最初一百天的目標，是開始採取積極行動，來獲得成長的機會。在以轉虧為盈為目標的專案中，越早開始行動越好。你不能等待完美的時機，行動計畫將提供做出明智決策所需的資訊，以推動組織進入現實世界。你必須監控策略以及它實際執行的結果，並且將結果回饋到持續執行的過程中。你可以根據產生的資料進行更改，使不完美的策略更趨近完美。

立即參與執行、檢查、行動的流程，以確保提供充分和準確的意見回應，監控行動計畫進度，並根據需要採取改正措施：

執行：執行計畫、實施對策，並收集相關的數據結果。

檢查：評估實施對策產生的結果。評估計畫的執行情況。你的目標是驗證你對對策的假設，並評估實現收益的及時性。最重要的是，從結果中學習，以提高團隊解決問題的能力。哪些事有效？哪些事無效？為什麼？

行動：透過持續改進確定執行業務策略或計畫的後續步驟。根據結果（改善或惡化的程度）決定下一步。為了取得成功的對策，請將對策傳播到其他流程或領域。對於未能產生變化或造成惡化的對策，就繼續收集結果，並重新評估問題的性質和狀態。

可以使用的專案管理軟體有很多，可能不會為你完成太多繁重的工作（需要思考的部分），但可以處理大量普通的雜事。產品、價格和產品評估經常變化，因此你最好的選擇是打開瀏覽器並搜尋「專案管理軟體」。

視需要反覆調整

沒有任何一份企劃書是一成不變的。這個行動計畫有兩個目的。首先是將企劃書從潛能轉化為動能。第二種是審查，以確保這種轉換可行和可修改，以適應不斷變化的現實。隨著「執行、檢查、行動」流程的進展，根據需要來修改行動計畫，可以有效的幫助預算和策略的執行。請檢視、編輯、闡述，並完整列舉公司所面臨的風險和機會。

▼圖 5　基本的行動計畫範本。

使用行動計畫範本或是軟體

建立或使用現成的行動計畫範本來收集、整理和追蹤任務、指派和截止日期。以下是一個非常基本的行動計畫範本：

成功的標準

評估計畫

策略行動說明	負責人員／部門	開始日期	到期日	所需的資源	可能的問題	想要的結果

其他附註

第 3 章

簡化、簡化、再簡化

10 能執行的策略才是好策略

「如果你不能用簡單的話解釋正在做的事，那你可能做錯了某件事。」

——阿爾弗雷德・卡恩（Alfred Kahn），《時代》（*Time*）雜誌，一九七八年五月八日

在本書的第二章中，我們列出了制定和執行一百天策略的過程，為公司奠定基礎，以獲得成長的機會。在這一百天過後，必須擴大和加強策略，引導公司在未來三到五年內，實現持續的獲利成長。在這三到五年之間，每年都要重新制定策略。每個年度都可能修正路線和其他變化，這些變化的範圍，從微小的調整到重大的重新制定都有。

回顧第二章，我們提到最初一百天計畫的第一步，是設定目標。這界定了我們需要完成的工作範疇。第二步制定策略，探討達成目標的方式。在最初的一百天裡，第二步

的短期目標，只是讓公司進入第三步。在這個步驟中，執行和經營團隊在第二步的策略基礎上加入一些實質的內容，並為企業提供一個新的框架以繼續前進。這類框架的目的在於，給予最具生產力的公司客戶群和產品最多的關注，以加速八二法則的應用，進而推動獲利成長。

實際上，在初始的一百天內不斷更新策略，只是一種可行的工作模式。在製造業中，有些公司的重要早期步驟，是創建一個「最有價值的產品」，一種可以推出至市場上以測試其可行性，並引起消費者反應的最小可行產品，或者正如艾瑞克・萊斯（Eric Ries）在他的著作《精實創業》（*The Lean Startup*）中所說的，「（最有價值的新產品）允許團隊以最少的努力，收集最大量經過驗證、與客戶有關的資訊。」最初一百天的策略，是反覆調整最有價值的產品。一百天過後，就該是時候制定一個全面、功能齊全的長期策略了。這些反覆執行的過程，定義了你如何在目前和潛在市場中實現業務獲利成長。獲利成長的策略是在所有選定的市場中建立、創造和保持競爭優勢。

策略的關鍵功能

長期策略引導著獲利成長，創造超越所有利益相關者（包括股東、客戶、員工、供應商和企業所在的社區）期望的價值。策略探討的範疇，還包括競爭對手——成功的策略將產生超越競爭對手預期的價值，使他們懊惱。

一項有效的策略，可以引導出以下四項關鍵選擇：

一、在什麼市場競爭？

二、透過什麼方式競爭？

三、為執行策略，必須採取的行動。

四、執行策略所需的投資和資源配置。

策略不是一份祕密文件，而是一份為期五年的章程，每年都會修訂，它設定的目標應該是組織的核心，並由經營團隊共同分享。它是公司經營團隊合作的產物，因此代表了高層對公司如何獲得市場發展和成功機會的共同觀點。

策略流程

反覆調整前一百天策略的細節，是執行長期策略的重要過程。長期策略和最初一百天策略的本質相同，但效果隨著時間與空間擴大。長期策略建立在適用於最初一百天的三個步驟之上：

一、情勢評估。

二、策略架構。

三、企劃書。

該策略會在三到五年反覆調整，以下幾個重點尤為重要：

一、意見回饋循環（策略部署），應該正式成為每月的業務回顧。

二、企業風險部署的應用。

這兩個要素在長期策略中具有重要的意義，因為它們是即時運作的。只有在策略執行了一段時間後，才會產生可衡量的結果。這些數據必須持續被監控和分析，每季進行審查，並在每年底進行一次重大的衡量和評估。要追蹤的意見回饋是KPI，它提供了量化的衡量標準，揭示目前的策略是否產生了預期的結果。對報告發牢騷，幾乎是每個商業組織中最受歡迎的活動之一。當然，許多企業確實會進行大量的評估，這有時令人抓狂。

「能被衡量的事，就能被完成」、「能被衡量的東西，就能得到改進」或「能被衡量的事務，就能加以管理」，管理大師彼得．杜拉克是否真的說過這些話，存在一些爭議。但是，這三個版本都很容易被誤解，如果在這三句話中都加入一些說明，會有助於解讀：

「如果你衡量的目的是為了完成，那麼可以被衡量的東西就能被完成。」

「如果你衡量的目的是為了改善，那麼能被衡量的東西就能得到改進。」

「如果你衡量的目的是為了管理，那麼能被衡量的事務就能加以管理。」

問題在於，許多企業只是為了報告結果而衡量這些數據。**報告不是衡量的目的，去執行、改進、管理才是。**

管理風險

管理風險非常重要，因此需要從最初的一百天就開始。就這一點而言，它主要是一種預測和推測的練習——試圖預測天氣，尋找風暴、乾旱以及可能引發火災的條件。在部署長期策略的三到五年內，風險管理是一項持續的要務。我會在第十一節詳細闡述如何進行風險管理，包括進階企業風險管理方法。請將企業風險管理應用於策略流程的每一步，以識別展開策略中的潛在風險和機會。企業風險管理在策略的持續制定和改進過程中，會觸發其他的規畫並提供所需的資訊。

發散／收斂策略週期

我們在第三節和第八節詳細討論過發散思維和收斂思維，因此就不在這裡贅述了。但是請注意本節策略管理過程圖片中的三個菱形（見下方圖6）。我刻意畫成菱形，因為策略過程的三個階段會以發散思維開始，以收斂思維結束。

策略性思考需要盤點所有可能的相關議題、問題、解決方案和機會，不能錯過或過早排除任何重要的事情。然而，策略性思考也要求規畫策略的人，以行動計畫中列舉的行動專案的形式，得出明確的結論。因此，這三項步驟中的每一項，都必須從發散思維開始，以收斂思維（也就是過濾到最關鍵行動的思維）結束。規畫策略的

▼圖6　策略流程。

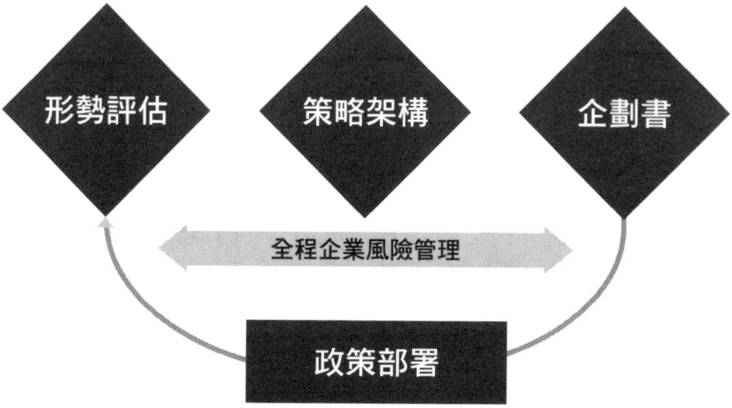

人必須自律，並按照順序，進行發散和收斂思維。

只有透過如此有紀律的方法，才可能促進真正的策略性決策。如果將收斂思維與發散思維混淆，策略制定者就一定會忽視掉一些潛在的重要事項，甚至無法得出可行的結論。這種方式正如威廉·莎士比亞（William Shakespeare）在《哈姆雷特》（*Hamlet*）中所說的：「偉大的事業也會在這些考慮之下，失去行動的意義。」，並被淹沒在「蒼白的思緒」中。

每個菱形左側的角度向外擴展，代表發散思維的階段，而右側的菱形代表收斂思維。在這個階段，發散思維所獲得的想法，被篩選成具體的見解、絕對的方向和可行的策略行動。

策略過程的週期跨越一整年，並設有時間範圍，以確保策略進度的持續。到了年底，最終的策略已經得到了修訂和改進，而這也將成為下一年審查和修訂的主題——依此類推，直到三年或五年策略週期結束。每一年都會應用發散或收斂思維規則進行修訂，透過這樣的方式，這個策略永遠不會成為僵化不變的準則，而是能夠持續學習的靈活產物。

策略管理程序

整個策略管理程序，包括情勢評估、策略框架和企劃書。

情勢評估：情勢評估會針對以下五項評估標的，提出一系列問題。

一、商業分析。過去一年的策略優先事項是什麼？可以從中學到什麼？過去資料中呈現的成長和獲利能力揭露了什麼？根據過去的紀錄，公司的優勢、劣勢、機會和威脅是什麼（SWOT分析）？以過去的資料來說，公司的核心能力和策略資產是什麼？業務在前一年是否達到了利害關係人的期望？

二、客戶。公司的客戶是誰？他們想要什麼？他們希望從哪裡獲得這些產品或服務？他們是否從我們公司得到想要的產品或服務？如果沒有，他們從哪裡獲得？我們客戶的需求發生了什麼變化？我們公司如何改變，以滿足這些需求，提供客戶服務並賺取利潤？

三、產品組合。公司的產品組合（或各個子公司和部門的組合）獲利的表現如何？

我們要如何使目前的產品組合最佳化？我們未來的產品組合應該是什麼樣子？需要做些什麼改進這些產品組合？

四、市場。公司服務的市場有哪些？市場中主要的趨勢和驅動因素是什麼？公司在目前服務的市場裡有多具吸引力？公司的吸引力程度產生了什麼改變？是什麼導致了公司目前市場的變化？我們應該考慮新的市場嗎？

五、競爭對手。公司競爭的基礎是什麼？是品質、服務，還是價格？競爭有多激烈？競爭形勢如何變化？相對於競爭對手，我們的定位在哪？我們在關鍵客戶價值指標上與競爭對手相比如何？我們如何建立、獲得或維持卓越的競爭地位？

六、時間。最好將一年的前六個月分配給情勢評估。在第一個月舉行啟動會議（kick-off meeting），在第四個月和第五個月舉行兩次檢查會議（check-in meeting）。這些會議的目的，是為了討論情勢評估的進展。在情勢評估過程的最後一個月舉辦一次研討會，以確定和研究經驗教訓。研討會可能持續一到兩天。在最後一個月底，評估團隊向執行管理團隊報告。

七、輸出。負責情勢評估的團隊，應建立關鍵見解的年終摘要，並提供資料和分析佐證，以這些分析為策略框架的關鍵焦點。每年向經營團隊提交一份完整的報告。

策略框架：策略程序的第二步，也就是策略框架，從情勢評估中獲取見解，並產生關鍵的策略目標和提案。這個程序通常會持續兩個月，目標是確認和重申目前策略或修訂策略。

策略框架為以下問題提供了答案：

一、需要做什麼，以實現突破性成長和績效？
二、贏得競爭需要的差異化因素有哪些？
三、關鍵策略問題是什麼？
四、關鍵的策略機會是什麼？
五、根據八二法則，價值、優先順序最高的機會是什麼？
六、根據八二法則，應對關鍵少數的措施是什麼？

發散思維應該應用於識別機會和問題，特別是在以下領域：

一、新市場和產品開發。
二、鄰近領域。
三、收購和資產剝離。
四、網路／足跡。
五、自行製造／採購。
六、新功能。
七、核心業務改進。
八、提高市場吸引力。
九、競爭地位提升。

接下來，將收斂思維應用於發散階段的產出，以發展出關鍵的少數機會和措施。目標是分析選項之間的取捨，並確定那些最有可能為股東或利害關係人，創造最高價值的選項。

在選擇最高價值的問題或機會時，規畫策略的人必須考慮：

一、潛力。

二、是否負擔得起。

三、易於執行。

四、確定要利用或建立的核心競爭力和策略資產。

五、與核心競爭力和策略資產的相關性。

為了制定與策略最密切相關的少數關鍵策略提案，應識別或解決以下問題：

一、三到五項關鍵措施。

二、執行計畫所需的關鍵變化。

三、財務分析和預測。

四、所需的資源。
五、每項措施的風險評估。
六、每項措施的高層級行動計畫。
七、應為每項措施指定里程碑。

這個階段通常需要大約九十天。它從情勢評估結束時就開始了，將工作從一個程序移交給另一個程序。此一階段包括一次啟動會議和檢查會議，以回顧從情勢分析中得出的見解和經驗教訓。在此之後不久，研討會（一或兩天）建立策略框架，通常在指定的九十天後報告。

策略架構團隊的成果包括公司將在何處競爭、如何競爭、需要哪些能力才能競爭，以及公司成功的原因摘要。分析的架構必須包括：

一、使命和願景。
二、前年的策略概述。

三、商業環境評估。
四、策略重點摘要。
五、策略目標。
六、定義／範圍界定和理由。
七、風險價值／創造價值的潛力。
八、三到五個策略計畫的策略優先順序細節。
九、執行策略重點的關鍵計畫／專案、行動、資源、組織影響和投資。
十、三到五年的策略財務預測。
十一、策略措施甘特圖（Gantt chart），包括假設、高層級的時機掌握和資源要求。
十二、市場擴張機會（併購）。
十三、使用熱圖（按：heat map，一種直覺的數據可視化分析工具，以顏色深淺來表示不同程度的互動或關注，深色表示該區域顧客高度關注或頻繁互動，淺色反之）範本進行風險總結。
十四、關鍵成功因素。

在工作結束時，請策略架構團隊向經營團隊報告。

企劃書：策略流程的第三步是企劃書，它使用策略架構中描述的策略措施，來指導行動計畫。這是一個由下而上的計畫，回應團隊全年衡量的績效。內容將包括詳細的財務資訊。

企劃書會在九十天內的一連串會議上制定完成，這些會議會產生財務預測和執行策略架構中定義的策略措施，和業務策略的計畫。企劃書闡明的是，實現策略架構中描述的策略目標所需的步驟。它還用於預測策略的預期財務結果，並判斷如何以最好的方式分配資源，以實現預測的結果。

企劃書必須回答四個主要問題：

一、預算是多少？

二、行動計畫是什麼？

三、與策略相關的重大風險是什麼，如何應對這些風險？

四、是否有正確的組織措施和程序來執行策略？

企劃書能夠使策略架構付諸實踐，而這段過程也始於發散思維。是分析策略架構階段所產出成果的時候了，這些成果包括了願景、使命、目標和提案。發散性的方法尋找並考慮實現策略的替代行動和選項。規畫策略的人必須找出策略，並將它轉化為實踐行動所需的具體步驟。

考慮到替代方案和相關的步驟，規畫策略的人要從發散思維轉變為收斂思維，優先考慮最重要的行動（包括替代行動），並利用這些行動來制定里程碑和可交付的成果，以輸出詳細的行動計畫。

接下來一年的預算將根據支持策略與行動計畫進行估算。這也是確保所有關鍵風險都得到管理的方式。

企劃書是由一個大致的高階策略和一個X矩陣所組成，以協助確保策略目標、關鍵績效指標和計畫的行動組成部分保持一致。

這一個步驟的簡單架構，應該要包括：

一、與形勢評估和策略架構的關聯。
二、策略目標。
三、三到五項策略措施，以及相關的驗證指標。

此外，企劃書還列出了每項策略提案的行動計畫，包括：

一、假設。
二、領導者是誰。
三、學習。
四、為什麼這個提案將為公司帶來成功。
五、甘特圖。
六、預期結果，包括KPI。

最後，企劃書囊括了未來一年的詳細策略計畫，具體內容如下：

一、預算，包括具有詳細的職能預算。
二、詳細的損益表。
三、具有財務目標的 KPI。
四、資本支出。
五、營運資金。
六、投資槓桿。
七、人才招募和發展計畫。
八、員工人數計畫。
九、關鍵風險和機會。
十、併購計畫（如果適用）。
十一、三到五年的高層級財務規畫。

策略的執行

你曾聽過這樣的話多少次？「這是一個很棒的策略。可惜執行失敗了。」如果做得好，一個好的策略不可能將策略與執行互相分開。獲利成長營運系統使行動計畫成為企劃書不可或缺的一部分，並透過策略架構使企劃書成為策略不可或缺的一部分。**一項策略必須包含能成功執行的方法，才能算是好的策略**，更不用說很棒的策略更應該如此。這就是獲利成長營運系統的目標。

11 淘汰賠錢貨的十二禍根簡化法

「一切都應該簡單到不能更簡單。」

——愛因斯坦，引述於《讀者文摘》（*Reader's Digest*），一九七七年七月

八二法則中，最強大的工具是簡化，這是一種透過區分差異，以聚焦於重點業務的過程。為了降低對業務最重要領域的複雜度，簡化要做的事可能是減少產品或型號數量，或是業務部門專注於接觸的客戶數量和類型。

誰是業務簡化這一塊的開創性權威？儘管弗雷德里克·溫斯洛·泰勒值得我們敬重，但大多數人會認為這一塊的開創性權威是彼得·杜拉克。在杜拉克所有極具影響力的管理思想中，最重要的莫過於他的信念，認為企業往往會生產太多產品，而且種類也過多，他們僱用不需要的員工，並且擴展到他們最好不要進入的市場和經濟領域。

好吧，從來沒有人因為閱讀或引用杜拉克的話而被解僱，但我比較喜歡更早一點的來源。亨利・大衛・梭羅（Henry David Thoreau）一八一七年生於麻薩諸塞州康科德（Concord）。他本來可以接手父親留下來賺錢且創新的鉛筆工廠，但是這份工作並不適合他，所以他成為一名博物學家、環保主義者、哲學家、政治活動者和散文家。

他在良師益友愛默生給他的麻薩諸塞州瓦爾登湖（Walden Pond）岸邊的一片再生林中，建造了一間小房子——現在房子被稱為「小屋」（tiny house），並於一八四五年七月四日入住。他在那間房子裡寫了兩本書、為第三本書《湖濱散記》（*Walden*）寫筆記。《湖濱散記》於一八五四年出版，當時幾乎沒有人讀過這本書。在他過世大約一個世紀後，被廣泛閱讀且深受景仰，後來，二十世紀的詩人羅伯特・佛洛斯特（Robert Frost）形容它「超越美國所有的一切」。

在《湖濱散記》的第二章〈我生活的地方，我生活的目的〉（*Where I Lived, and What I Lived For*）裡，梭羅解釋了他為什麼在樹林裡建了一座小房子，並搬到那住：

> 我幽居在林間，是因為希望從容不迫的生活，只面對生活中最基本的事實，看看我

能否掌握生活的教誨，不至於在臨終時，才發現自己不曾活過。我不希望過那種稱不上是生活的人生，因為生存的代價是那麼昂貴；我也不希望聽天由命，除非是逼不得已。我要活得深入，汲取生活的所有精髓；我要活得堅定，像斯巴達人一樣（Spartan-like），摒棄一切不屬於生活的事物，辛勤勞作，生活簡樸，將生活侷限在小範圍內，將它降到最低的程度。如果證明生活是低賤的，那麼就完整、真實的了解其低賤之處，並將之公諸於世；如果生活是高尚的，那麼就透過實踐來了解它，下一次遠行時就能對它作出真實的描述。

以上這段敘述，就是我所說的簡化。許多人欣賞這段話，但很少有人能把它放在心上，並按照梭羅所設定的模式生活。這可以理解。畢竟，不是所有人都可以成為僧侶、隱士或禪師，但任何擁有、領導或管理企業的人，都可以從這幾段話中學到很多東西。

對於執行長和經理人來說，《湖濱散記》的收穫包括：刻意的經營你的事業。只要找出、處理和利用核心事實。將組織的資產、時間和精力只投入在有生產力的事情，而不是不具有生產力、甚至低於最佳生產力的事情。為什麼？因為這些資產、時間和精力

「非常寶貴」，不能浪費。

經營你的業務以便能持續、充分的利用它。部署八〇%的資源來「汲取所有的精髓」（關鍵的少數），而微不足道的多數就是你要「摒棄的一切」。使用你的策略來「辛勤勞作，生活簡樸」，將你的時間、精力和現金的目標減少到「最低的程度」。

本節將詳細介紹企業可以採用的策略和工具來「減少生產」，簡化產品和客戶數量，將這些減少到大約二〇%，而產生大約八〇%的營收。

雖然消除產品是一種主要的簡化方法，但它顯然受制於營收遞減法則。本節將詳細介紹「十二禍根簡化法」（按：Dirty Dozen，由加拿大學者戈登．杜邦〔Gordon Dupont〕提出，最初指航空安全領域，容易發生狀況或失誤的十二個常見原因），這是一套替代策略，目的是將B級產品和B級客戶創造的獲利空間提升至最高。

區隔分析

我們在本書前面討論過，該如何分析客戶、產品、銷售、成本、獲利能力、市場和地區所產生的資料，以將產品／客戶收入「區分」為多個部分，以揭示一、A級產品／A級客戶；二、B級產品／A級客戶；三、A級產品／B級客戶；以及四、B級產品／B級客戶創造的獲利空間。

透過使用八二法則產生的四象限，你可以區分產品／客戶組合，揭示哪些組合產生了大約八〇％的營收，和超過八〇％的獲利。對於這樣的區分（第一個區分，也就是你的A級產品／A級客戶〔大約二〇％〕），你應該盡可能分配接近八〇％的資源和精力。其餘三個象限則必須按比例分配。

菜單的品項，越多越好？

在區隔分析中，最有效的工具就是簡化，降低對業務最重要領域的複雜度。最直接的方法是減少商品供給，或是減少所供應商品的型號或種類數。簡化產品線可能會流失一些客戶。但是你可以應用八二法則來決定業務團隊不要聚焦於B級客戶，除了購買A級產品的B級客戶之外。

二〇一四年，麥當勞（McDonald's）的營收和股票估值下降。公司重振業務的方法之一是簡化菜單。正如股市資訊網站《彩衣傻瓜》（*The Motley Fool*，暫譯）的報導（二〇一四年十二月十六日），「在公布月報和季報時，執行長唐・湯普森（Don Thompson）一再將複雜的菜單視為問題，並誓言要解決，但是當時他沒有提供太多細節。現在，麥當勞終於採取了一些措施，來簡化一百多種選擇的菜單，取消五種超值全餐，和八種可能包括四盎司牛肉堡加起司、高級雞肉三明治和零食手捲的項目」。

在我們的常識中，總是認為「越多越好」，但麥當勞發現，在菜單上加入更多選項，並不是提高營收和獲利的捷徑。顧客被眾多的選擇淹沒，需要更長的時間決定餐點，員工也需要更長的時間才能完成點餐。這導致店內櫃檯和得來速櫃檯的壅塞，以及顧客的抱怨，不要忘記了，顧客是來吃速食的。

麥當勞重新聚焦於提供「二〇」的品項——大多數顧客最想吃的餐點，並提供顧客也高度重視的東西：能幫你節省時間的速度。

關於第四象限中的產品，你要將定價提高到向B級買方銷售B級商品能獲利的程度。可以肯定，這個象限中至少有一些B級客戶會離開你。第四象限的銷售應在業務員投入最少資源的情況下進行。第三象限（B級客戶購買的A級產品）也是如此，而在第二象限中採購B級產品的A級客戶，會需要也應該得到業務員一定程度的專注。

我剛才所說的是經驗法則，請根據你手上實際的數據分析來分配資源。透過這種方式看待平衡的措施，肯定會簡化你的決策：你需要指導方針，以阻止你和公司白費力氣在改進無法，或不太可能對業務產生重大正面影響的工作。將八〇％的資源，運用於只占營收和獲利一小部分的客戶上，這麼做並沒有意義。為這些B級客戶提供分配給A級客戶的相同服務層級，對企業來說是一種損失。你承擔不起不做區隔分析的後果。

選擇你的工具

雖然這麼說感覺好像一直重複，但是要達成簡化最簡單方法，真的就是精簡企業提供的產品數量。第一和第二象限中的A級產品可能不受簡化的影響，但是僅產生總營收二〇％的大量產品（大約八〇％），就是最明顯的簡化選擇。因為這些產品會產生不必要的複雜性，使A級產品流失資源，因此從庫存中刪減表現最差的B級產品，可以釋放資源來為第一象限提供服務，因而減少虧損和降低龐大的機會成本。

十二禍根簡化法

十二禍根簡化工具的核心概念是「不要賠錢貨」，也就是刪除所有無法提供策略優勢的B級產品，除此之外，它還包含了幾種策略。其中前四項與客戶直接相關（按：以下方法標題，皆為歌名）：

一、金錢買不到真愛（*Can't Buy Me Love*）：不要再向B級客戶提供折扣，尤其是B級產品。

二、不付佣金（*Money for Nothing*）：不要再支付佣金給B級客戶的業務。

三、我就是要錢（*Money [That's What I Wan]*）：要求信用卡必須預先付款並收取手續費。

四、所有的小事（*All the Small Things*）：設定最小訂單價值／數量。最低產品價值／數量。不要浪費時間。

接下來的八項策略，與產品有關：

一、生命週期（*Circle of Life*）：將首選供應商的產品換成占營收八〇%的產品。

二、不要賠錢貨（*No Scrubs*）：放棄沒有策略價值的B級產品。這些虧錢的東西正在扼殺你的公司。

三、定價再高也沒關係（*Ain't No Mountain High Enough*）：漲價。客戶要買可以，但是要付出很高的金額！

四、不要就拉倒（*Take It or Leave It*）：以標準／單一包裝尺寸提供商品。不要散裝。要就買，不要拉倒。

五、累積訂單（*Time After Time*）：累積訂單直到採購的量能讓你賺錢。客戶可以採購，但是需要時間。

六、勿忘我（*Don't You*〔*Forget About Me*〕）：指定服務或訂單日期。不要再試著拯救不賺錢的業務。

七、我說了算（*My Way*）：提供一些標準選項，而不是混合搭配的選項自助餐。

八、完整產品（*You've Got Another Thing Coming*）：只提供完整的套件，讓客戶自己丟掉他們不需要的東西。也就是說，合併為一個功能齊全的產品。

但是在你決定哪些是核心選項之前，有一些重要的替代方案需要考慮。定價很容易，而且在降低產品或產品線虧損的風險方面非常有效。「定價再高也沒關係」的意思是向客戶收取高價。如果你有一群客戶真的需要某種 B 級產品，那麼一定要向他們提供這種產品——但是要以客戶就算不甘願也得付的價格，否則根本無法獲得那項產品。不付錢，就離開。

「勿忘我」是個比較複雜的工具，但很適合用於將獲利空間較小的產品，銷售給獲利空間較小的買方。只在預先宣布的日期提供特價或較少的貨量。這麼做將集中對資源的需求，還會因為集中銷售 B 級產品，進而改善現金流。

在向主要 B 級顧客銷售 B 級商品時，另一種管理成本的方法就是「累積訂單」，也就是累積了足夠的商品訂單後，才建立夠大的特殊或少量訂單，以實現獲利。換句話說，除非累積了足夠的訂單值得你花費心力，否則不會銷售X產品。

簡化產品並不一定表示消除它。提供客戶「我說了算」的選擇。雖然保留這個產品項目，但是不要提供那麼多尺寸或選項。

追加銷售是提高某些產品獲利率的一種有效策略。對於某些B級產品，你可以利用「完整產品」政策，有效的強制追加銷售。包括與商品相關的所有可能元件或配件，客戶必須採購完整的套裝才能購買該商品。客戶支付完整產品的費用，他們可以自行丟棄不想要的部分，以根據自己的需求進行訂製。許多低價餐廳採取「不更換食材」政策來節省生產成本。這種規定拒絕讓消費者單點品項。

區分業務

客戶和產品都需要進行細分。業務本身也是如此。你可能會發現，你的業務已經發展，或成長為不同業務的集合。如果聚合的業務之間差異非常大，則適用於產品和客戶的八二法則，產品／客戶四象限可能不足以有效簡化你的資源分配。

在這種情況下，請考慮將不同的業務拆分為可以更聚焦於更專業領域的小型業務。好處是你將能夠更輕鬆、準確的追蹤每個專門業務，並根據有類似需求的客戶群需求訂製專屬資源。細分業務可以是一種替代方法，而不是只結束獲利不佳的產品線，因為這些產品線沒有從大型、未細分業務的可用資源中獲得足夠的關注。

假設你有一間公司，銷售資本密集型（按：資本投入比例較高，勞動力依賴較少）產品（例如大型機械），還提供相關的零件和服務。雖然這些肯定是相關的業務，但可能會從完全不同的行銷、業務、配銷和服務方法中受益。對這類業務進行細分的第一步，就是對資本產品及零件和服務產品執行單獨的四象限細分。按象限對擬議的兩項業務進行細分，將有助於區隔每項業務及新確立的市場，建立定義明確且獨立的損益表。

產品類型並不是區分業務的唯一方法。有些業務可能按客戶類型、市場或國際地理位置進行細分。但是你該如何確定業務區分對你的組織來說，是一個有用的策略？為每個提議的業務建立和分析四象限是一個好的開始，這將使你能夠為不同的實體，建立有意義的損益表。但是同樣重要的是，首先要對公司目前所在地和營運情況，具有全面的視角和深入的理解。以下是要提出和回答的問題：

在區分之前先了解你的公司

一、使命、願景、價值觀

- 檢視使命、願景和價值觀。
- 組織的願景、使命和價值觀背後的歷史是什麼？
- 整個組織是否採用這些使命、願景和價值觀？
- 日常工作中如何展現使命、願景和價值觀？
- 同事如何表達他們的價值觀？

二、目標、目的、策略、指標

- 公司的營運模式是什麼？
- 目標、策略、指標和營運計畫是什麼？
- 公司如何使用指標來經營業務？
- 公司使用什麼年度策略規畫流程？

三、業務板塊、部門、地區、職能、經銷商

- 每個職能部門、地區、部門和經銷商的策略和活動，如何支援公司策略？
- 如何跨職能完成工作？
- 卓越的核心是什麼？
- 哪些地方表現落後？
- 這些部門如何合作？
- 部門或營業單位如何合作？

- 經銷商在制定公司策略時，扮演什麼角色？
- 有多少跨部門討論？

四、程序和系統

- 組織的核心業務程序是什麼？
- 這些程序是否有紀錄？
- 是否遵循這些程序？
- 程序是否有什麼地方不夠完整，或被員工改變？
- 決策的標準流程是什麼？
- 標準操作程序是什麼？

五、技術

- 組織現在如何使用技術？

- 有哪些技術平臺正在使用這些技術？
- 技術策略如何與公司策略保持一致？
- 整個組織內使用什麼知識管理系統共享資訊？

六、人員和組織

- 公司的結構如何？
- 每位員工的能力、角色和職責，是否被明確定義？
- 公司管理人才的策略是什麼？
- 是否有正式的繼任計畫程序？
- 有哪些薪酬和獎勵計畫？
- 員工有哪些學習和發展計畫？
- 員工的參與度和積極度如何？
- 如何衡量員工敬業度？

七、領導

- 公司如何進行領導力發展？
- 目前的領導者和後起之秀是誰？
- 高潛力員工是誰？
- 有哪些領導能力發展計畫可供選擇？
- 管理團隊的合作情況如何？
- 人才繼任計畫程序是什麼樣？
- 該計畫如何管理？
- 是否有任何領導力問題會阻礙業務的發展？

八、獎勵和認可

- 公司如何處理獎勵和認可？
- 公司如何提供意見回應？意見回應系統是否與策略和目標保持一致？

- 獎勵和認可系統如何運作？
- 這些系統驅動了哪些行為？

九、溝通和參與

- 組織如何溝通？
- 使用哪些通訊工具？
- 溝通是否有效？
- 訊息是否一致？
- 人們如何看待溝通以及與管理者的互動？頻率太高或太低了？是否有太過正式或不夠正式的情況發生？
- 我可以獲得哪些溝通方面的支援？
- 人們期望我如何溝通？

十、公司文化

- 請描述組織的文化。
- 公司內部如何完成工作？
- 公司內部已經有哪些次文化？你如何描述每種次文化？
- 如何做出決策？
- 具權威性的標準程序是什麼？
- 領導者、流程、人員和系統強化或阻止了哪些行動？
- 在什麼地方可以最明顯看見組織文化的影子？

十一、業務成果和結果

- 如何報告成果？
- 公司是否使用特定的紀錄卡、指標或數據來管理業務？

十二、外部環境

- 誰是關鍵的外部利益相關者？
- 他們對組織有什麼影響？
- 在我上任的最初三個月，哪些人對我來說最重要？
- 外部組成部分（客戶、消費者、股東、供應商、販售業者、社區、政府、監管機構和競爭對手）如何影響公司？
- 董事會成員、顧客、市場和其他人的期望是什麼？
- 在開始與人們聯絡之前，我應該先了解哪些問題？
- 誰可以幫我介紹認識他們？

12 將無法獲利的部分歸零

「要簡單、簡單、再簡單！依我說，你要做的事應當是兩、三件，而不是一百件或一千件；只要半打，而不要百萬；你的帳戶要小到可以記在你的大姆指指甲上……簡化、再簡化！如果吃飯是必須的，那麼就一天只吃一餐，不要吃三餐；不要吃上百道菜，只吃五道菜；其他的東西也要相對應的刪減。」

——亨利．大衛．梭羅，《湖濱散記》；又名《樹林中的生活》（*Life in the Woods*），一八五四年

我們在前一節提到過梭羅。你可能不會想要他這個客戶，事實上你也可能根本得不到這個客戶，因為他幾乎不向任何人買東西。他在瓦爾登湖的樹林裡建造了著名的小屋，這塊土地是他的朋友愛默生讓他免費使用。至於建造房子的勞力，全都是他自己付

出，材料很少，而成本呢，就算以一八四〇年代的價值來計算，也低得幾乎可以忽略不計。他仔細的記下了帳目：

木板	8.035元
	大部分是舊木板
廢棄的屋瓦	4元
木板條	1.25元
兩扇帶玻璃的二手窗	2.43元
一千塊舊磚頭	4元
兩桶石灰	2.4元
	太貴了
毛繩	0.31元
	買太多了
壁爐用鐵條	0.15元
釘子	3.9元
鉸鏈和螺絲	0.14元
門閂	0.1元
粉筆	0.01元
搬運費	1.4元
	大部分是我自己背著
總計	28.125元

所以，住的地方解決了。吃的部分呢？請看本節開頭的引文：「如果吃飯是必須的，那麼就一天只吃一餐，不要吃三餐；不要吃上百道菜，只吃五道菜……。」這樣就只剩下衣服要買了。在《湖濱散記》中，梭羅寫道：

一個人找到了工作，其實沒必要穿新衣服去上班；對他來說，那身塵封在閣樓裡不知道多久的舊衣服就足夠了。一位英雄穿舊鞋子的時間，倒要比他的侍從穿舊鞋的時間長——如果英雄有侍從的話，至於赤腳的歷史比穿鞋子更悠久了，而英雄是可以赤腳的，只有那些參加晚會和到議會廳去的人才非得穿上新衣不可，衣服經常變換，正像晚會和議會廳裡的人經常變化一樣。

不過，倘若我的外衣和褲子、帽子和鞋子，適合穿在身上對上帝頂禮膜拜的話，那就足夠了；難道不是嗎？誰見過自己的舊衣服——他的舊外衣，實際上差不多穿爛了，連原來是什麼料子都畢露無遺，把它送給某個窮孩子都不能算是積德行善，說不定那個窮小子還會把它再拿去送給某個更窮的人，這下我們應該說這窮小子還算富有了，因為他若連破衣服都沒有，要拿什麼送人呢？我說，要小心提防的，不只是穿新衣服的人，而是所有需要穿新衣服的企業。要是沒有新人，怎能給他縫製合身的新衣服呢？如果說你有什麼事要做，不妨還是穿上舊衣服去試試看。

沒錯，梭羅可能不是任何人心目中的好客戶，但他在任何企業都會是很棒的執行長、經理人，或是在任何工作時卯起來運用八二法則的人。

梭羅解釋說，他去瓦爾登湖生活，是為了「只面對生活中最基本的事實」。如果你認為他把事情搞得太極端了，我承認，他做的事並不適合所有人。但考慮到他在《湖濱散記》中寫的大部分內容，都可以提煉成他自己的一個簡潔觀察：「我們的生活，浪費在過多的細節中。」誰不曾有過這種感受？大概不只一次。也許你也說過這樣的話，而這正是梭羅的意思。

也許，身為執行長、高階經理人、中階經理人或企業主，你發現自己希望能從一張白紙或空白的電腦螢幕重新開始。重新開始，避免所有不需要、無益、導致你浪費大量時間的細節。

進行想像實驗

如果你唯一的客戶是創造營收八〇%的那二〇%，會如何？想像一下。假設你的唯一客戶是第一和第二象限中的頂級客戶。愛因斯坦的眾多突破之一是「想像實驗」（Gedankenexperiment），這是一項大膽的技術，用於預測假設場景的結果，也就是尚不存在且可能永遠不會存在的未來狀態。這是一種想像力的練習——然而，它要遵守一定的規則。因為思想實驗不只是一次幻想。它是在假設場景的背景下做出的心智模型或邏輯推論，輸出的結果甚至可能與已知事實相反——但思想實驗從來不是純粹的幻想。

以你的業務為例。很可能有大約二〇%的客戶貢獻了大約八〇%的營收。我想請你根據一個假設的狀況進行一次思想實驗，假設這二〇%的客戶是你唯一的客戶。接著問問自己：「如何為這些客戶提供服務，他們是我唯一的客戶嗎？」換句話說，如果有機會適當的調整業務規模，只創造這八〇%的營收，你將如何只運用目前僱用的最優秀人才，從這種令人羨慕的情況中獲取最多利益？

要成功執行這個想像實驗，你需要找出為你創造最多營收的客戶。這並不像聽起來那麼簡單。

你可能很了解目前為公司創造最多營收的客戶是哪些人，但是公司並不只為前二〇%的客戶提供服務。因此，雖然你可能知道如何為一〇〇%的客戶提供服務，但你並非真的知道如何以最佳方式，為二〇%最重要的客戶提供服務。因此，你必須發揮想像力（在合理的範圍內），以定義當客戶群縮減到比實際上還要少八〇%時，要成為能夠為A級客戶提供服務所需的A級企業，每個人需要扮演的角色為何。將這個A級企業的定義應用至你的實際資源中，並將這些資源與每個工作的要求配對。畢竟，並非每個客戶都能成為A級客戶。

接著，擴大規模

到目前為止，你的想像實驗是根據縮小規模，以服務A級客戶（占你實際客戶群的二〇%），以及（在你的想像中）捨棄其他的客戶。現在你已經縮小了公司的規模，你需要確定如何獲得更多A級客戶，以便將整個公司變為第一象限企業。要將業務工作集中在 A 級客戶上，你需要做些什麼？

這就是我們所說的「歸零」。這是一種基於現實的想像練習，目的在於透過建立（或重新建立）必要的資源水準，來平衡（或重新平衡）業務，以便優先服務關鍵的少數人，而不是為不那麼重要的大多數人服務。其目標是不要讓稀少的資源，不成比例的被運用於為底層產品和客戶提供服務上（尤其是第四象限）。

重新調整資源、集中精力，需要減少表現不佳的員工和他們服務的對象（讓你賺很少錢的客戶）。這麼做不是為了懲罰任何一組表現不佳的人，而是為了改善，甚至是拯救你的公司。要記住的是，讓你賺很少錢的客戶，使你很難為賺較多錢的客戶提供充分的服務，甚至可能無法提供服務。如果你沒有為讓你賺最多錢的客戶提供服務，你不只會失去他們，甚至無法創造或吸引更多讓你賺更多錢的客戶。

因此，你需要趕快從下到上重新分配資源，以創造或吸引更多的 A 級客戶。畢竟，這些人是你的狂熱粉絲，而歸零是將客戶轉化為狂熱者最準確而且有效的方法——不是靠魔法，而是策略性的向他們銷售、更有效的為他們服務，並策畫一系列讓你的 A 級客戶渴望的產品和服務。

歸零的過程

歸零是聚焦和細分之後的下一個步驟，但它是繼八二區分和聚焦過程之後，頗有爭議的第三步。它只有一個目標：幫助你建立或重建業務，並配備必要資源，只為創造八〇%營收的客戶服務。透過減少或消除為底層產品和客戶提供服務所需、不成比例的資源量，尤其是第四象限的產品和客戶，可以達到這個目標。有些經理人覺得歸零有點不切實際。因此，除了區分和聚焦之外，我還為這一點單獨寫了一節。但我確實相信，這是一件值得做的事，一種根據八二法則最佳化狀態下，使業務變得清楚可見的方法。

這是涉及平衡公司、資源和客戶的問題。企業缺乏平衡不只是不好看，從長遠來看甚至會致命——而且可能很快就會發生。在商業中，不成比例會造成破壞。你投入B級客戶和B級產品上的資源越多，不平衡的破壞性就越大。你不只會因為過度服務讓你無利可圖的客戶，而浪費精力和資源，且還會削弱你為創造高營收的客戶提供充分服務的能力，更不用說以最佳方式服務了。你將無法滿足這些客戶，這表示你會失去他們。更重要的是，你將無法建立或吸引更多客戶來取代失去的客戶。資源分配不成比例是你的公司面臨的一個迫切的生存危機。就好像在鐵達尼號上，重新安排甲板上躺椅的位置。（意思是，這根本就在浪費時間。）

對於無法將B級客戶轉化為A級客戶，將A級客戶轉化為狂熱粉絲的企業來說，沒有快速的解決方案。現在需要的是集中精力和資源，這麼做的目的不是為了快速解決，而是從頭開始並正確的執行業務。

現在，這項想像實驗，能讓你放棄那些無關緊要的多數人，以便更好的服務關鍵的少數客戶。雖然有必要，但它對你的幫助仍然有限。畢竟，在現實世界中，你幾乎不可能完全放棄一切，並從頭開始。但是，你可以做的是，確定業務的一個細分市場，並有效的從頭開始處理這個部分，只建構支援其有限的客戶，和產品所需的內容。這裡的目標不是為當前公司分配成本，而是專門為從零開始的細分市場，投入所需的資源和成本。執行你從零開始的市場區隔所需的資源和成本，以這種方式逐一區分然後歸零，可以揭示複雜組織隱藏的成本，同時也顯示哪些領域可以降低或完全消除成本。

我向你保證，你對歸零的熟悉程度絕對比你想像的要多。那是因為當我們規畫家庭預算時，就是這麼做，或者知道我們應該這樣做。最成功的家庭預算規畫始於一個問題：「我一個月需要多少錢？」」你關注的是接下來的那個月，你從零開始回答問題，也就是從零元開始，這就是為什麼這種預算編列方法，被稱為「從零開始的預算編列」。

從零開始，然後將下個月（這部分）所需的每一項東西的成本相加。當你計算出總數時，和你這個月收到的錢比較。從你的支出中扣除（這可能表示扣掉部分或全部你「想要的」，同時只留下需要的），或增加你的營收來補足差額。下個月要再次從零開始，每個月都是從零開始，重新來過。

我不認為有人會笨到從零開始編列未來五年或十年的預算，更不用說編列整個預計生命週期的預算。但是一次一個月，從頭開始是可行的，因此，為你的企業實現八二法則的歸零也可行。你從頭開始制定預算，並從零開始分配資源。當你假設主要業務來源時，你會加入你想要、需要，以及實現這些的方法。

歸零的不同方式

沒有哪一種歸零的方法絕對正確。使用你覺得效果最好的方法就行了。要怎麼知道哪一種效果最好？你可以多多嘗試；如果有必要的話，就全部都試一遍。現在你必須採取務實的做法。對你來說正確的方法，是可以創造最佳業務觀點的方法。

最常見的歸零方法是：

- 根據象限。
- 根據市場區隔。
- 根據產品區隔。
- 根據產品／客戶轉折點。

無論你採取哪種方法，都可能會發現超過八〇%的獲利（通常是一五〇%到二〇〇%）來自產生你八〇%營收的那二〇%的客戶／產品。帕雷托關於豌豆莖生產力的觀察是正確的，而且他對做生意的看法也正確，這也適用於你的生意。

這項八二法則不僅僅是一個有趣的真理，它揭曉了支持那八〇%客戶和產品所需的龐大資源，而這些客戶和產品只會為你創造二〇%營收的事實。所以，請仔細看清楚，然後意識到情況不必如此。我們可以考慮兩種最被廣泛使用的歸零方法，即象限歸零和產品／客戶轉折點歸零。

象限歸零

在這種方法中，你從最近的八二象限圖開始。我在左頁圖7展示的是典型的範例。這張圖中的第一象限表示二〇%的客戶創造了八〇%的營收，而創造八〇%營收的產品（在這段時間內，就這間公司而言）約占營收的六四%。這麼少的客戶和產品創造了大約三分之二的營收，這是大多數公司的典型比例。

這裡的其他象限也很典型。第二象限代表二〇%的客戶、採購八〇%的產品，約占營收的一六%。這與第一象限中的客戶群相同，但包括該公司的大部分產品。第三象限包含二〇%的A級產品，但現在有八〇%的客戶（B級客戶），約占營收的一五%。最後，第四象限，也就是「漲價或淘汰」象限，包含八〇%的客戶（B級客戶）和八〇%的產品（B級產品）。這只約占營收的五%。

開始進行象限歸零的流程很簡單。集中在第一象限客戶、產品、收入和實質獲利。在我們的範例中，淨營收為三．五三億美元，實質獲利為二．三六億美元，只有九十三個客戶和八百七十五個產品。現在開始想像實驗吧。想像建立一間公司和損益表，彷佛第一象限是唯一的生意，是整間公司所有的生意。判斷支援這項業務所需的最低成本：薪資、變動製造費用、製造固定費用；銷售、一般和行政費用（Selling General and Administrative expense，簡稱 SG&A）以及所有其他附加成本，直到達到第一象限（也就是思想實驗中的整個公司）的

▼圖 7　80/20 法則象限範例。

產品

客戶	A＝875 個產品	B＝10,397 個產品
客戶 A＝93 個客戶	**1** 淨營收＝353,162,402 美元（64.7%） 實質獲利＝236,311,094 美元 實質獲利占淨營收比＝66.9% 客戶＝93 項目＝875	**2** 銷售總額＝99,069,165 美元（15.5%） 淨營收＝83,335,746 美元（15.3%） 實質獲利＝54,042,606 美元 實質獲利占淨營收比＝64.8% 客戶＝93 項目＝9,654
客戶 B＝1,005 個客戶	**3** 銷售總額＝95,639,992 美元（14.9%） 淨營收＝83,757,081 美元（15.3%） 實質獲利＝54,884,733 美元 實質獲利占淨營收比＝65.6% 客戶＝998 項目＝93	**4** 銷售總額＝29,109,923 美元（4.5%） 淨營收＝25,581,984 美元（4.7%） 實質獲利＝15,022,407 美元 實質獲利占淨營收比＝58.7% 客戶＝988 項目＝9,007

營業利益為止。

記住，這是一個想像實驗——一種根據現實的想像。因此，不要犯下根據目前支出、員工人數和損益表的錯誤。要使實驗成功，必須從頭開始建構損益表。這就是這個方法被稱為「歸零」的原因。

當你建構了第一象限的損益表、展示如何以最佳方式運作這個象限（彷彿這就是整間公司所有的業務一樣）之後，暫時將它放在一邊，然後轉到第二和第三象限。對每一個象限重複第一象限的練習，為每個指標建構一份損益表，就好像每個象限都是一間獨立的企業，而你決心以最好的方式經營它。針對這三個象限中的每一個，記錄所需的支出和員工人數。完成後，你將有辦法完成一份最佳未來狀態的損益表，還有支援每個象限所需的員工人數和執行總數。

現在退後一步，檢視你所做的一切。你會看到，第一象限只為你目前（真實的，而不是想像的）公司二〇%的客戶提供服務，與公司的其他象限比起來，它需要的資源和員工人數要少得多。第一象限的總營收通常是目前獲利的一五〇%至二〇〇%。記下剩餘員工的人數，然後再與員工總數相比較。

這就是象限歸零。如果你覺得我們好像忘記了什麼，沒錯，那就是第四象限。我們忘記它，因為在這個想像實驗中，我們必須忘記它，除非我們能提高這個象限中的產品定價，並將一些產品移到第三象限中，否則就要甩掉它。

你已完成了象限歸零的想像實驗了。恭喜！當然，你還有很多事情要做，因為你所擁有的，只是一個潛在未來狀態的實驗性圖像。要將這個形象放入策略中，並從那裡進入可執行的商業計畫，你和公司必須做開發和執行的苦工。

產品／客戶轉折點歸零

八二法則最基本的觀點，是一組由上而下的清單，其中創造最高營收的客戶／產品置於頂部，最低的客戶／產品放在底部。通常，這種觀點顯示公司有很大一部分的客戶群和產品產生的營收不足。當然，這符合八二法則。然而，除了肯定該法則的有效性外，這個清單在歸零方面的實際用途有限。在商業中，營收並不是最終的重點。獲利才是衡量成功的標準。

我們需要判斷哪些客戶讓我們賺錢，哪些客戶沒有。我們希望為賺錢的客戶提供服務，使他們成為忠實顧客。我們想要留住他們，並查清楚如何將最多的B級客戶轉為A級客戶。所以我們要執行轉折點歸零分析。在這種情況下，「轉折點」是區分賺錢客戶和沒賺錢客戶的一條線。

以下是一個想像實驗，可以幫助你畫出這條線。想像一下，你管理一間新公司。它目前還是一個零——沒有工廠、員工、產品、客戶或任何資產。所以，開始實驗吧。取得顧客名單，從中挑選你最好的客戶，並將該客戶轉移到全新的公司。完成後，計算支援這個客戶所需的絕對最低成本。計算實質成本、變動薪資、變動製造費用成本、固定製造費用成本、銷售、一般和行政費用支出，以及其他附加成本，直到你計算出這個最佳客戶的EBITDA。

現在，移動至下一個客戶，也就是由上而下清單中的第二位客戶。重複這麼做。完成第二位客戶後，對整份清單重複這個過程。你最後會得到每個客戶的EBITDA和累計總額。你會發現，隨著客戶的增加，這間全新公司的累計總EBITDA的成長速度會越來越慢。以圖形方式繪製此累計總EBITDA，你將得到一條（可能是一大塊）鐘形曲線。線條會上升，中間會有波動，然後開始趨於平緩。在某些時候，在你加入排名第二的客戶後，曲線將直接向下彎曲。換句話說，這時加入客戶會降低公司的整體EBITDA。一般來說（不過通常會有一些例外），在達到轉折點後每加入一個客戶，都會進一步降低整體EBITDA。

就像我剛才說過的，有一些例外。你可能會發現一些位於清單較底部的客戶，對EBITDA的貢獻不錯，也可能會發現一些為你創造較多營收的客戶，違反了客戶在營收方面的工作效率越高，獲利就越高的一般規則。按EBITDA重新排列客戶，才能畫出真正的鐘形曲線，不會忽高忽低。現在，找到這個鐘形曲線的高點。轉折點右側的一切都代表侵蝕公司獲利能力的客戶。

和象限歸零方法一樣，完成產品／客戶轉折點歸零思想實驗本身，並不足以指導公司的變革，但這是八二流程開發和執行階段的起點。還有一點，那就是曲線就只是曲線，而不是現實的所有細節。轉折點並非只是決定淘汰客戶和產品。其他策略，例如十二禍根簡化法中的策略是可用的。與所有過程模型的應用一樣，這需要思考。雖然如此，以定位轉折點為基礎的歸零可以應用於客戶、產品和員工，以尋求創造最大效率的策略。

13 豐田生產系統的精實思維

「從來沒有時間把這件事做好，但總有時間重新來過。」

——約翰．梅斯金曼（John Meskimen），《華爾街日報》（*Wall Street Journal*），一九七四年三月十四日

英裔美籍哲學家阿爾弗雷德．諾斯．懷德海（Alfred North Whitehead）是一名數學家。他在一九一一年出版的《數學導論》（*An Introduction to Mathematics*，暫譯）第五章中寫道：「透過擴展我們能在不加思索的情況下，執行的重要操作數據，能使我們的文明進步。」我相信這項非凡的陳述，是他從數學轉向哲學領域的原因——懷德海以創立了「過程哲學」（按：process philosophy，一種主張世界即是過程的哲學）為人所知。

為什麼我們都應該關心這件事？

首先，無論從事什麼職業，任何說得出「擴展我們能在不加思索的情況下，執行的重要操作數據，能使我們的文明進步」的人，都具備偉大企業領袖的素質。其次，過程哲學悄悄的推翻了幾千年來公認的觀點，使高效率、高成效的業務成為可能——其中包括由「精實思維」所帶動的業務。

從柏拉圖（Plato）和亞里斯多德時代以來，大多數人都把世界看成是事物的集合，是永恆物質的集合。這種觀點將過程視為短暫的，不如那些「事物」的所有持久性值得我們關注。蘇格拉底派的哲學家巴曼尼得斯（Parmenides）宣稱，變化是一種幻覺，亞里斯多德本人也認為變化是附屬的。但在過程哲學中，懷德海認為，變化——過程——是我們所有人共用的日常現實世界中唯一真正的元素。無論我們是什麼、做什麼，一切都與過程有關。

別投入百萬美元，研究只值幾毛錢的問題

精實是一種廣泛使用的方法，以提高企業績效。如果懷德海教授還在世，他會稱讚

精實作為的邏輯原理。他會將這視為推動文明進步的方式，因為它擴大了「我們可以不加思索就執行的重要操作數量」。

當然，懷德海應該在他的陳述中補充的是，要達到「我們可以不加思索就執行（操作）」的地步，需要大量的思考。推動必要思考過程的最佳方法，是提出和回答五個關鍵問題：

一、情境當下的需求是什麼？

二、我們試圖解決的問題是什麼？

三、短期目標條件是什麼？

四、企業的長期目標是什麼？

五、對客戶來說重要的東西是什麼？

深思熟慮的回答這些問題，將有助於少做一些愚蠢的事情，例如投入一百萬美元去研究一個價值只有幾毛錢的問題。最好用八二法則的觀點來看精實這件事。八二法則會告訴你什麼目標值得追求，而什麼東西則是一文不值。一旦你決定了目標，精實方法就可以讓你知道很多關於如何達到目標的資訊。有了這五個問題的答案，組織就可以開始進行「精實轉型」。以下是幾個必須檢查、分析並且能改變的項目：

一、人力資源。

二、經營團隊和管理系統。

三、基本心態。

這些全都必須進行評估，目標是將業務從「良好」提升到「更好」。經驗顯示，至少有三項行動，對於任何精實轉型的成功都極為重要。那就是引進以下項目——

一、工作標準化，也就是細緻的應用已經過驗證的最佳做法。簡單來說，就是執行「不假思索執行重要操作」最好的方式。

二、視覺化管理，將營運（尤其是製造營運）簡化為視覺化記分板、圖表和甘特圖，團隊可以透過這些來查看、立即評估和改進自己的績效。

三、一個計畫、執行、檢查、行動的框架，可以讓團隊共同執行改進。

精實之道

精實的歷史前身，就是十九世紀末期和二十世紀初期，由弗雷德里克・溫斯洛・泰勒制定的科學管理概念和方法，他研究各種形式的製造和生產過程，以顯著提高其品質和效率。泰勒是「標準化工作」之父，其標準建立在密切觀察和測量的基礎上。

然而，很少有關於精實的討論，對泰勒的貢獻給予最基本的認可。相反的，這些討論往往會從廣為人知的「日本奇蹟」開始，也就是日本在二戰毀滅性的戰敗後，非常迅速、成功發展起來的經濟和工業復甦。

此外，相關的討論通常特別關注豐田汽車公司（Toyota）推出的「豐田經營模式」。更正式來說，這叫做豐田生產系統（Toyota Production System，簡稱TPS）。這個系統開發於一九四八年，並且一直持續到一九七五年，以應對戰後日本普遍缺乏資金和資源的情況。在這樣的環境中，浪費（日文為「無駄」）被視為最大的敵人，而其中共有七種不同類型的浪費：

一、生產過剩的浪費（最大的浪費）。
二、浪費手上的時間（閒置等待，第二大浪費）。
三、運輸浪費（生產空間效率不佳）。
四、過度加工的浪費（官僚主義、繁文縟節、冗餘）。
五、浪費多餘庫存。
六、移動浪費（如工廠空間）。
七、缺陷浪費（修復、重做、丟棄）。

定義了敵人之後，豐田就非常清楚該怎麼做：擊敗敵人——消滅一切形式的「無駄」。豐田生產系統透過設計消除所有製造流程中的「過重負擔」（無理）和「不一致」（日文：無ら，意即不均衡）的方法來對付「無駄」。對抗無駄及其原因（無理和不均衡）的兩個最知名的武器，就是即時生產和自動化。即時生產的原則是只生產需要的東西、只在需要的時候生產，並且只生產需要的數量。自動化的日文是じどうか，是一種特殊類型的自動化，是完全機械和自動化的混合體，具有重要的人為因素，或稱為「人性化」。

在戰後需要的推動下，豐田之道是後來被稱為精實製造的原形。多年後，精實製造被擴展到「精實思維」。這個詞是由麻省理工學院的機械工程師約翰・克拉夫契克（John Krafcik）於一九八八年創造的，他以在谷歌自動駕駛（無人駕駛車輛）技術部門的工作而聞名。

麻省理工學院在一九八五年成立了一個國際機動車輛計畫，以研究日本的新製造技術。麻省理工學院的發展遠超出了製造本身。除了將精實思想應用於工廠營運、供應鏈協調、工程和產品設計之外，麻省理工學院的專案還將精實應用於市場評估、銷售和服務等。

不過，在增加範圍的每個層面中，敵人仍然是無駄，也就是浪費，特別是由於流程組織方式或組織不當而產生的意外後果。精實思想旨在根據五個原則，組織工廠內外的所有流程，將浪費的程度降至最低：

一、價值。
二、價值流。
三、流程。
四、拉動（Pull）。
五、完美（Pesection）。

精實思維的目的在於，在企業中創造一種精實文化，透過使客戶滿意度與員工滿意度保持一致，以創造和維持成長。以精實文化經營的公司，其產品和服務必然具有創造性。他們的獲利能力必須在不給客戶、供應商帶來不必要的成本下實現，尤其是不對環境造成不必要的成本。

精實文化中的每位員工都接受過培訓，以識別工作中浪費的時間和精力，並與其他人合作，透過消除浪費來改善流程。因此，「人」在精實文化中被賦予了最重要的地位。以人為本，員工和顧客皆然。如果組織中的每個人都認同這種文化，並擁有相同的基本心態、價值觀和假設，那麼公司將能夠以更低的成本和價格提供更大的價值，同時培養每個員工的信心、能力和自我效能，以及與他人合作的能力。

豐田之道如何應用精實思維

麻省理工學院的國際機動車輛計畫曾仔細研究過，豐田模式如何使這間汽車製造商從戰後初期的破產狀態，到一九七〇年代在行業中占據主導地位的非凡歷程。麻省理工學院的第一個重要見解是，豐田依賴大師級的指導者和協調員或培訓師的組合。這些人專注於幫助豐田的經理以精實的方式思考流程，首先，也是最重要的，就是從他們的工作角度思考。

他們從工作場所本身開始。高階主管被要求前往生產現場，近距離並即時觀察工作流程與條件。在生產現場裡走動的價值不只一種。首先，這能讓管理者看到正在發生的事情。其次，勞工——創造有形價值的普通人——會知道領導者關心並尊重他們。第三，這麼做讓管理者可以向員工提出問題；第四，員工可以直接與老闆交談，並分享他們的想法和見解。這為員工提供了一個獨立、主動建立流程和最佳實踐的平臺。

從生產現場收集資訊後，經理就可以開始著手，將以下五項原則應用於工廠當前的情況。

一、價值：領導者必須透過客戶的角度來定義價值，並承認價值是透過內在品質傳遞給客戶的。這表示對價值創造來說，最重要的是客戶滿意度，必須融入每個流程的每個步驟中。產品功能必須讓人滿意。品質必須創造滿意度，並融入每個生產步驟。至於製造過程中，內在品質原則要求在每個可疑點停止生產，以便在產品進入生產線並進入市場（那就糟了）之前發現，並改正有缺陷的產品。

二、價值流：產品必須被視覺化成為價值的展現。公司創造價值流，而價值流必須持續、以節奏流動。「節奏」（德文 Takt）或「節奏時間」（Takt time）是指為了使生產流程與需求速度匹配，所需的產品組裝時間。節奏時間可以透過計算開放生產時間與平均客戶需求的比率來確定。實現準確的節奏代表，公司的生產和需求比不會過多也不會過少。生產與需求的同步對於即時生產非常重要。這避免了生產過剩的浪費，以及生產不足的銷售損失。實現節奏需要穩定的團隊，以標準化的方式，使用標準化的設備生產標準化的產品。

三、流程：為了確保價值流向客戶，企業必須放棄傳統的大量生產思維方式，也就是一旦以某種方式執行工作，就必須盡可能生產最多的產品，以保持較低的單位成本。精實思維的看法則不同。精實的目標是將工作流程最佳化，以滿足現在的實際需求，而不是下個月的一些預計（即想像的）需求。使目前流程與目前需求保持一致，應該接近於實現「單件流」而不是分批流。即時生產的這個方面，透過最大限度的減少甚至消除庫存，大幅降低業務成本，並降低了出貨的運輸成本。

四、拉動：計算節奏（請見原則二）有助於公司改變傳統推動產品（價值）的方式，讓客戶來拉動產品（價值）。這樣一來，生產就會按照客戶需要的速度流動。這種生產與帶動的協調是由看板、（實體或數位）卡片的幫助，用於追蹤工廠或生產線內的生產。使用這些看板或卡片，對於同步生產（推）和需求（拉）很有價值。最基本的是，工作項目由看板卡表示。

流程步驟由稱為看板的圖形垂直呈現（通常標記為「執行」、「正在執行」和「已完成」）。看板自始至終代表個人、團隊或組織的流程。看板卡上的通道從左向右，從一個通道移動到另一個通道——從待辦項目到執行中項目，再到已完成的項目。最左邊的通道就代表了生產積壓的情況。在個人、團隊或組織對新的請求（帶動）進行優先排序之前，會停留在這裡。

與連續狀態報告不同的是，看板卡和看板可以讓經理和其他相關人員立即查看所有內容的位置。在理想的情況下，工作人員會自己更新看板。每個人都參與其中，每個人都要對其他人負責，這時拉動與推動更容易協調，問題也能即時出現在板上。

拉動能在工作場所產生有益的創造性張力。這個做法的主要思想在於，流程中的每個操作都應該由請求（拉動）來激發，以便將浪費降至最低。拉動對於精實來說極為重要。

現在我們討論到最後一項精實原則：

五、完美。「持續的改善」在精實中被應用於追求完美。不同於檢查工作和嚴格監督每個流程的傳統觀念，「改善」這個概念是向古代的師父學習教訓。師父並沒有過度教導事實，而是力求培養每個學生的改善精神。在精實的工廠中，每個員工透過逐步合作、改善流程的承諾，以灌輸員工對完美的追求。「改善」方法要求每個人、每一天、在任何地方實現一百次一％的改進，而不是由一位特立獨行的員工實現一次一〇〇％的進步。漸進式改進的承諾，將精實思想植入每一位員工的腦海中。這最終將會帶來精實轉型。

任何精實轉型都可以總結為以下等式：

任務＝工作＋改善。

擴展改善

在實踐中，改善可以透過多種方式進行擴展。

點的改善：點的改善是自發性，也是即時發生的。當產品、組裝、組件或流程有缺陷時，在工作項目繼續之前，立即採取措施糾正問題。

系統的改善：系統的改善是一項更大規模的行動。這不是自發性的，而是有計畫和有次第的解決組織中系統性問題。它是一種在短時間內應用，以產生全系統效果的策略規畫方法。

線的改善：當流程中的上游或下游傳達改進意見時，就是線的改善。意見傳達可以雙向流動。

面的改善：是指多條線被連接起來（形成一個「平面」），使得一條線的改進也可以在其他線中實現。

結構性改善：結構性改善將線段和平面改善擴展到整個組織，甚至也包含供應商和客戶。

精實的範圍和影響

麻省理工學院在豐田流程創新方面的工作成果，在一九九〇年時成為詹姆斯・沃馬克（James P. Womack）、丹尼爾・瓊斯（Daniel T. Jones）和丹尼爾・羅斯（Daniel Roos）所著《改變世界的機器》（*The Machine That Changed the World*，暫譯）一書的基礎，而沃馬克和瓊斯後來又於一九九六年出版了《精實革命》（*Lean Thinking*）。這些書是全面理解精實思維的基礎，但最終結果更具說服力。與其他汽車產業相比，豐田生產系統使用的是以下方法：

- 一半的工廠人力。
- 一半的製造空間。
- 一半的投資工具。
- 一半的工程時間。
- 一半的開發新產品時間。
- 品質提高一倍。

當然，精實要真正應用才有用。透過採用改善心態，超越應用的描述和理論，以實現三個總體目標：

一、減少浪費。

二、提高品質。

三、提高安全性。

這些目標不是一蹴可幾，而是透過持續改善實現。

將精實思想應用到管理中，採用專注於降低成本同時增強價值流的方法。目標是不斷提升員工並改進流程，以使用最少的資源，創造價值和繁榮。因此，精實方法應該解決實際的業務問題，並改善公司各個層面和每項活動的工作執行方式。改進應持續、即時進行，並且以解決根本原因為目標。

雖然流程是應用精實思維的焦點和載體，但每個流程都是由人們創造和執行。因此，精實思維總是把人放在第一位，公司必須為人們提供解決實際業務問題，以及改善他們執行工作的方式。

根據定義，改善包括持續的漸進式改進，但不要忽略大局。改進是指使整個組織從現有狀態走向改善後的狀態。這趟旅程是在精實轉型框架內，從目標到流程改善再到人員發展，持續不斷的小步前進。

目的

採用情境方法來建立每次精實轉型，在開始時詢問「情況確切需要的是什麼？」，透過定義轉型的目標，特別是希望轉型解決什麼業務問題，在目的背景下回答問題。回答這些大問題，就一定要回答與目前情況細節相關更集中的問題，例如：

- 我們是否需要在工作站、部門、價值流、公司或跨公司層級進行改進？
- 我們的長期業務目標是什麼？
- 我們要解決的問題是什麼？
- 短期目標狀況為何？
- 對我們的客戶來說重要的是什麼？
- 我們的基本假設和心態是什麼？

流程改善

為了改善團隊層級的流程，應用基本的問題解決工具和技能來理解七種浪費。運用改善來規畫漸進式的改進。對於更大的流程和系統級改進，透過消除無馱、無理和不一致，以專注於工作和相關資訊的流動方式，定義現有情況（目前狀態），並架構改善後的情況（未來狀態）。

人才發展

記住師父的模型。傳統的日本師父並沒有過度教導事實，而是力求培養每個學生的改善精神。因此，我們應該努力讓每位員工培養透過改善活動持續改進的精神、心態。這些範圍包含解決特定問題的半自發性團隊努力，到特定領域設定改進目標的更正式研討會。

- 已找出具體問題。
- 已指定問題發生或正在發生的時間。
- 已定義受影響操作的區域或部分。
- 已描述問題。
- 已描述問題的程度（嚴重性）。
- 已確定誰受到這個問題的影響。
- 已評估問題的影響。
- 已量化問題的成本。

根據問題的範圍，腦力激盪會議可能就足以找出解決方案，或必須舉辦更廣泛的活動／研討會，以包括資料收集、產生想法以及實行。

並非所有人力資源發展都以改善活動為中心。培訓，尤其是在職培訓（on-the-job-training，簡稱OJT），也可以採取實務專案，而且正式的培訓是必要的。

七〇—二〇—一〇

在精實思維被廣泛採用的時候，一種新的訓練方法正在出現，它以「七〇—二〇—一〇學習和發展模型」為基礎。七〇—二〇—一〇的基本原則是，各級員工七〇%的知識來自於工作，也就是與工作相關的經驗。另外二〇%的知識來自與他人的輕鬆互動，而令人驚訝的是，只有一〇%的知識是來自正規教育。

該模式出現於一九八〇年代，由北卡羅萊納州格林斯博羅創意領導中心（Center for Creative Leadership in Greensboro, North Carolina）的摩根・麥寇（Morgan McCall）、麥克・隆巴多（Michael M. Lombardo）和羅伯特・艾辛格

（Robert A. Eichinger）提出，他們對管理者成功的因素進行了研究。許多組織發現，七〇－二〇－一〇模型對於指導其培訓計畫的結構有很大的價值。

實務經驗（公式中的七〇%）是最有效的培訓，因為它使員工能夠發現和完善與工作相關的技能。這可以改善決策並提供克服挑戰的實務經驗，並且與老闆和指導者進行富有成效的互動。特別有價值的是，這是在一個可以立即回應學生表現的建設性的環境中犯錯，並從中學習的機會。

另外二〇%的知識來自社交學習、訓練、指導、協作學習，和一般同儕互動。鼓勵和意見回應，是社交學習的主要好處。只有一〇%的專業發展來自傳統課程和正規教育。

七〇－二〇－一〇是在職培訓一個很好的論點，前提是在職培訓環境具有支持性的方法，而不是讓員工自行摸索，這樣既浪費而且可能很危險。

應用精實管理的要素

從五個基本要素來思考精實管理會有幫助：標準化工作、視覺化管理、團隊層級的改善、以專案為主的改進，以及政策部署。

標準化工作

標準化工作適用於特定操作，並且是目前已知執行每個操作的最佳方法。員工在執行每項操作時都會接受這種方法的訓練。這些標準在整個組織中被制度化。

標準化工作的目標，在於在所有操作中實現最佳性能，無論是在辦公室還是生產現場。對公司來說，標準化工作是最佳的做法，也是大家所依賴的。由於標準化工作穩定，因此更有能力支持持續改進，根據定義，這是精實領導的行為。

真正的改善，只能存在於標準化工作的環境中。如果改進是靠偶爾和隨機的大幅度改進，那麼這種改進很少會持續，更不用說永久。一段時間過去，大的改進會變得越來越小。因此，一段時間下來，一百次只有一％的改進，比一次一〇〇％的改進要來得更好。標準化工作中的微小、漸進的改善，將會產生巨大、具累積性且持久的改善。

視覺化管理

正如本節前面提到的，視覺化管理使團隊、部門甚至整個公司的每個人，都能對當前情況一目瞭然，這種同時且即時的視覺圖，大大改善了以敘述的方式傳達的正式狀態報告，會產生的連續、選擇性和延遲交付問題。簡而言之，使用可視覺化管理的工作系統（看板、張貼圖表、簡單的時間表、進度圖形、以顏色編碼的甘特圖、熱區圖等）使任何人都可以進入任何工作情況，並立即看出正常與異常。

視覺化管理很簡單，影響力卻很大。它可以促進對目標條件偏差近乎即時的回應。因此被嵌入精實的各方面，在流程、系統和策略層面，視覺化方法提供了改善的機會。

團隊層級的改善

團隊層級的改善有助於讓整個組織參與持續改善。結構化的團隊層級改進，使每個團隊的改進工作與業務的策略目標保持一致。雖然漸進式改進是團隊對團隊的重點，但這是透過所謂的玻璃牆（glass wall）管理。這是整個組織內開放溝通的術語，包括與每個人分享資訊，邀請每個人參與，並為每個團隊的漸進式改進做出貢獻。牆仍然存在，但是資訊透明與創造孤島（按：creation of silos，比喻信息不互通的運作情況）的傳統趨勢相反，孤島會導致整個組織無法達到最佳狀態。

團隊層級的透明改善會滲透到整個公司，提高整個組織解決問題和改善的技能。整體來說，團隊層級的改進創造了一個可審核的流程，透過流程，可以監控和改善組織對持續改進的參與。

以專案為主的改進

以專案為主的改進，將持續漸進式改進方法，應用於團隊及其專案的輸出。這個改善計畫的基本工具是PDCA（計畫、執行、檢查、行動），這是影響改善以及最終影響精實轉型的簡單順序。

計畫（Plan）：首先確定目標，和實現這些目標所需的流程。

執行（Do）：交付目標、收集資料，以及記錄結果。

檢查（Check）：根據執行階段的資料和結果來評估成果。資料必須與計畫階段的預期結果進行比較。注意預期結果和實際結果之間的所有相似點和差異。評估所使用的任何測試程序。是否與在計畫階段建立的原始測試有任何不同。前三個階段的資料應該繪製在圖表上（也就是使用視覺化管理），以便在多次重複PDCA循環時較容易看到趨勢。這將有助於確定哪些改變有效，哪些改變效果更好，哪些根本沒有用。

行動（Act）：行動是改進流程的階段，因此有些人喜歡稱之為「調整階段」。從執行和檢查階段建立的紀錄，可識別流程中的問題，例如不一致、改進機會、效率不彰，以及產生不理想結果的任何其他問題。根據這些以最有效的視覺方式呈現的紀錄，團隊尋找問題的根本原因，進行調查，並設計消除問題的方法。在這個階段，風險也會被重新評估。

行動階段的預期結果是透過更好的指示、標準以及目標改進過程。此外，經過全面評估的PDCA運作，將為規畫下一個PDCA週期提供基準。下一個週期的主要改善目標，在於避免重複上一個週期中發現的問題。如果錯誤重複發生，團隊還是會有進展，因為他們了解到所採取的行動是無效的，因此需要更多的PDCA週期。這不是失敗，而是透過所獲得的知識而取得的漸進式進步。

當一位報紙記者向愛迪生詢問他的白熾燈開發最新進展時，愛迪生回答說進展緩慢。他測試了大約一萬種潛在材料和技藝，為燈製造出可用的燈絲，但沒有一個令人滿意。記者問他，這次「失敗」是否讓他感到挫折。愛迪生有一句知名的回答：「我沒有失敗。我只是發現了一萬種行不通的方法。」幸好，解決大多數問題只需要不到一萬次PDCA週期，但仍然需要堅持不懈。

政策部署

美國管理階層經常使用「政策部署」（policy deployment）一詞來描述策略規畫流程，強調在企業目標、管理規畫和日常營運之間建立協同和同步。精實管理經常使用日文中政策部署的比喻，翻譯成「方針管理」。

「管理」可以分為幾個組成部分：「管」的意思是「控制」，而「理」的意思是「邏輯」。「政策部署」的含義更容易理解，因為它用於精實管理，如果用日語代替的話，就更容易理解。換句話說，在精實思維中，政策部署是識別和調整業務中所有資源，以完成一系列重大改善措施的過程，並為公司帶來競爭優勢。

如果成功執行，方針管理將盡可能以最少的資源，實現公司的策略目標——這是八二法則和精實思維所追求的理想目標。方針管理必須在短期內成功，也就是每個團隊的日常運作層級（必須「在業務中」發揮作用），同時也要在長期內成功，也就是在戰略目標的整體轉變方面，如此一來才能實現戰略措施（必須「針對業務」發揮作用）。下頁圖8總結這個過程。

這張圖概括了精實管理應用於政策部署的雙重視角。它是透過PDCA循環的重複週期進行的檢查／反思過程，需要定期進行改善活動或其他審查，以驗證成功執行策略目標的進展情況，並根據需要進行修正和調整。審查的頻率要視所涉及措施的性質和範圍而定。

對於許多項目來說，每週審查是合適的，但間隔也可以從每天或每週到每季不等。審查、PDCA和改善流程的成功，不只包括實現目標結果，還包括對業務有更深入的了解、每位員工批判性思考技能的加強，以及改善心態的發展。

▼圖 8　精實管理套用於政策部署。

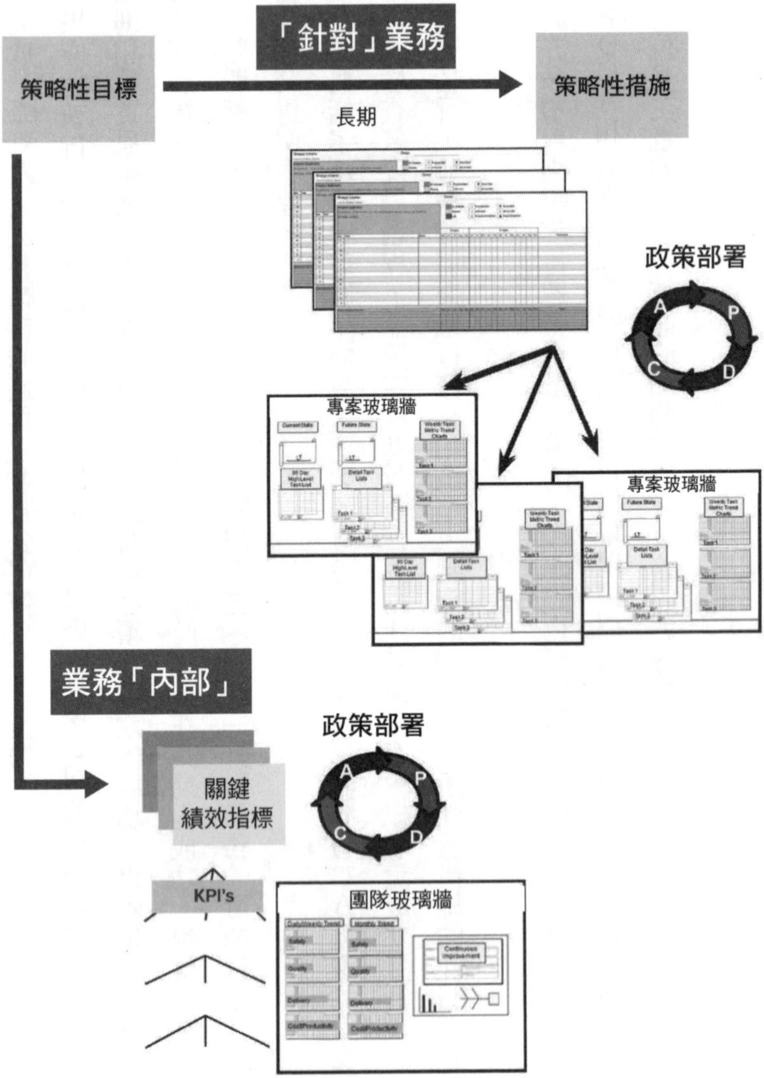

14　一支球隊不能只僱用四分衛

「讓自己的身邊圍繞著最優秀的人。記住，一流的人僱用一流的人，而二流的人則會僱用三流的人。」

——小李察．懷特（Richard M. White Jr.），《企業家手冊》（*The Entrepreneur's Manual*，暫譯）

為企業制定成功的成長策略，需要吸引不同的人才來源、不斷評估和發展組織的人才、使人員與企業的需求和目標保持一致、以有競爭力和激勵的方式獎勵員工績效，並讓每個員工都參與追求公司的策略和願景，以上是招募策略和人才發展的基本要素。

人員招募是策略問題

我在本節開頭引用一位名叫懷特的人的話。我對這個人一無所知，只知道他在一九七七年出版了一本名為《企業家手冊》的書。我承認我沒有讀過這本書，但是偶然發現這句話提供了一個富有洞察力的觀點：僱用你所能找到最好的人，不只是因為他們可能會把工作做得很好，也因為輪到他們去招募人才時，他們會願意錄取最優秀的人才，以達成永續卓越。若只滿足於招募二流人才，公司就會開始衰落，因為能力不佳的人挑選人才時，幾乎肯定會選擇比自己差的人。簡而言之，卓越能帶來卓越。任何缺乏卓越的事物都會引發衰退。

但這個簡單的方法有一個問題。羅恆致富（就是「巴布與梅可辛・海夫」〔Bob and Maxine Half〕中的巴布，他們兩人成立了現在的羅恆致富〔Robert Half International Inc.〕，大型國際人力資源諮詢公司）在《羅恆致富談招募》（*Robert Half on Hiring*，暫譯）一書中寫道：「你所面試最優秀的人，不一定是這份工作的最佳人選。」

諸如「一流」和「最優秀」等術語，在一般意義上非常有用。但策略思維並不是以一般方式做出關鍵決策。關鍵決策始終是在目前需求和企劃書中包含的未來願景，在這樣的背景下，請根據你公司的策略要求，確定你們的一般原則或價值陳述。

舉例來說，「你面試最優秀的人」所要求的報酬，可能會比你手頭上「這份工作」所能支付的還要多。也許這個人的條件太好。但你真的會需要愛因斯坦來填補會計的職缺嗎？（應該不需要吧。但請注意兩件事：第一，愛因斯坦在被認為是天才之前，曾在瑞士專利局擔任專利職員。從所有的資料來看，他很喜歡這份工作，而且做得非常好。第二，愛因斯坦有一句名言：「世界上最難理解的事情就是所得稅。」所以，盡量不要把人定型。）

也許最常見的招募錯誤，是沒有進行策略性思考，而屈服於一種本能的衝動，自動偏向那些表現出可被稱為主導型特徵的人。具有這種特徵或行為風格的人，希望立即得到結果、傾向於採取行動、接受挑戰並快速做出決定。他們是解決問題的人，同時也會對現狀提出質疑。簡而言之，對於幾乎所有面試這種人的經理來說，他們就是領導者型的人。這可能會產生什麼問題？

沒有——只要相關工作的策略需要一個領導者就行。但是一支美式足球隊不管什麼時候，都只能派出十一名球員，而且其中只有一人會是四分衛。一支球隊若在場上派出十一名四分衛，註定會輸球。沒有球隊經理、球探或老闆會只僱用四分衛。**球賽的策略要求需要各種特質、才能和行為特質或風格的人，才能實現贏球的目標。**

招募是一個策略性問題。這不只是要找到「最優秀」的人，而是找到最適合這份職務的人。工作通常有特定的要求，包括經驗、訓練、教育、適用的證照等。從策略角度來看，建立一支團隊，將具有正確行為風格的正確人員，聚集在正確的職位上，也同樣重要。

DISC（按：由美國心理學家威廉．馬斯頓〔William Moulton Marston〕所創建的人格分類方法）是許多人力資源專業人士非常熟悉的工具，用於識別求職者的四種主要行為風格。我們已經提到與領導力有關的D——主導（dominance），還有I——影響力（influence）。有影響力的人擅長與人接觸、言語表達、激發熱情、娛樂他人、參與團體。他們通常是富有感染力的樂觀主義者。在正確的時間和地點，有影響力的人是不可或缺的。

在DISC中，S代表支援（supportiveness）。這種行為風格的人，通常表現一致而不善變。他們表現出耐心、樂於幫助他人、忠誠，而且善於傾聽。在創造一個穩定、和諧的工作環境方面，S 型的人是無價的。DISC 的最後一種風格是 C——責任感（conscientiousness）。表現出這種風格的人密切注意標準和關鍵指令。他們專注於重要的細節、仔細權衡任何決定的利弊，並努力確保和檢查準確性。他們是系統化的工作者，且會對表現進行批判性的分析。

企業中，招募和發展人力資源是一項策略任務，目的是將主題專業知識、經驗和行為風格，與一系列有助於公司成功，並使績效最佳化的關鍵角色結合起來。

頂尖人才價值觀

招募和培養人才應遵循的五項價值觀：

一、人才是策略性問題。人才以及其組合，是任何高績效企業固有的組成部分。人才必須與每個業務流程、政策和目標保持一致。

二、多樣性是一種資產。我們生活在一個多元化的世界，人力也應該反映這一點。吸引和留住多元化人才的能力可以創造競爭優勢，現在更甚於以往任何時候。

三、發展符合業務需求。學習和技能發展，應著重於公司目前發揮最佳表現所需的特定技能和能力，並著眼於未來的發展和成長。

四、員工敬業度是一個關鍵價值。正如十九世紀美國智者愛默生所寫的：「沒有熱情，就不可能取得任何偉大的成就。」協調和激勵團隊創造充滿熱情的業務績效，將在獲利成長的背景下推動持續改善。

五、開發和培養人才是每個人的事。聘用人才的觀念必須根植於組織中，並且堅持不懈的追求。

吸引人才必須做的事

招募和培養人才必須是企業的核心活動。首先，你需要具體定義組織的人才需求。為了滿足這些需求，必須制定措施：

一、吸引多元化人才。
二、評估和培養個人、團隊和整間公司所需的人才。
三、使人員與業務需求和目標一致，在對的時間將對的人放在對的位置。
四、透過競爭性和激勵性的方式獎勵員工的績效。
五、讓整間公司的每個人都投入於公司的策略和願景中。

人才管理流程

標準的人才管理流程，須提供人才週期（talent cycle）每階段的支援工具和程序。

吸引人才

吸引新人才的過程分為五個階段：

一、定義需求。首先辨識、描述並證明所需角色的合理性。列舉所需的基本職責、技能和能力。建立理想的人選檔案。你還需要指定上下關係、工作的市場薪酬，以及任何根據特定需求或條件，進行薪酬上的調整或偏離。

二、尋找人才。確定適當的來源、選擇多元化的人才。篩選合適的資格。視情況考慮內部和外部應徵者。

三、選擇。透過履歷、面試、評估與資歷查核，篩選合格的候選人。除了教育和技術資格之外，還要考慮行為風格。考慮候選人在團隊中的潛在地位和理想的貢獻。

四、薪酬。制定包含完整僱用條款的薪酬：基本薪資、短期和長期獎金、醫療保健和退休福利，以及公司汽車、搬遷補助等額外福利。

五、入職。當候選人成為員工時，要遵循規定的入職流程，包括讓新員工融入公司及其文化。入職培訓必須提供任何相關的財務、道德、法律和安全說明，並讓新員工熟悉提高工作效率所需的工具、人員和資訊。

徵才流程的目標結果，是職缺的業務需求、職缺的詳細說明規範、候選者的資格、市場薪酬（或偏離市場薪酬的理由）以及完整的入職計畫和過程，必須完全一致。

人才招聘流程可以成功的借鑑公司內其他標準流程。它需要一個明確的目標：尋找、吸引、僱用頂尖人才並入職，以滿足已確定的業務需求。這個過程應該要系統化，並且可重複執行。整個企業的流程應盡可能標準化。

要吸引人才加入你的企業，你得嘗試效仿最有效的招聘方法。可以持續改進該流程，以提高所聘用候選人的品質。在每位新進員工都能迅速開始對組織產生正面影響的環境中，招募和僱用的工作成效最佳。人才吸引和招募的工具和內容包括：

一、詳細的職位描述，包括關鍵職責和基本要求，如經驗、訓練、教育程度等。

二、先將現有員工視為最佳選擇；新的職缺先在內部發布三天，然後再啟動外部招募流程。

三、進行薪酬分析，以確定這個職位的薪酬有競爭力（但如果有令人信服的理由，請準備好證明偏離市場薪酬的合理性）。

四、如果你使用外部招募人員，請確保簽訂適當的招募合約。

五、要求每位申請人提供簡短或是完整的履歷。

六、打造一份候選人申請表，讓應徵者提供對策略徵才最有用資訊。

七、獲得應徵者的授權，以獲取資訊驗證。
八、審閱收到的所有推薦信，並在面試時與應徵者討論。
九、確保提供給應徵者的就業機會已得到充分和適當的授權，包括所有必須簽字的部分。
十、發出錄取通知書、醫療保健詳細資訊、獎金計畫和搬遷方案等支援資訊。
十一、隨錄取通知書附上僱用協議（如果有的話）。

評估和發展人才

新進員工入職後不久，就會開始人才評估和發展，但這些流程將在年度員工審核中正式化。這些年度審查的目的是評估技能與能力、確定行為風格並制定個人發展計畫。將這些流程視為開發管理，與策略成長管理的所有方面一樣，主要的目標是持續改善。

針對每個員工的評估和發展過程包括：

- 與員工在一系列績效目標達成共識，並確保員工了解自己在公司策略中的角色。
- 確定職業發展中需要改進的領域和成長。

- 透過培訓、工作輪調、專案工作和在職培訓，制定進一步發展和成長的計畫。
- 提供持續、有建設性的意見回應和指導。
- 評估實際績效結果與潛力；作為年度績效獎金推薦的基礎。

評估和開發，是為了確保和改善與整體策略的一致性，使過程清楚並使人員負責，促進持續績效改進，並保持熱情參與，過程需要經營團隊和員工的投入。

使發展過程清楚

雖然個人化、友好、自發性、回應性和持續性的輔導，對於促進持續改進不可或缺，但管理發展和成長，需要標準化的文件紀錄。員工收到的評估應該要有一定程度的明確性和客觀性。文件還可以避免各種可能造成的誤解，例如績效不佳、解僱和訴訟等。最好為年度績效評估和個人發展計畫制定標準化表格。審查表至少應包括：對未來一年的期望和主要可交付成果、將使用哪些指標來評估績效、要達到的所需能力、關鍵評等，以及要在隔年完成的三到四項個人發展計畫。

實現進步和成就

像「改進」和「成長」這樣的用語，本質上很籠統。為了實現進展和成就，請透過設定明確的期望、全年審查並提供意見回應，以及在年終回顧中評估績效，使進展變得具體可行。

一、設定期望。經理和員工應該在年初時開會，設定並同意這一年的預估績效。此外，他們還應該共同確定要完成的發展活動。第一階段應該在新一年開始的六個星期內進行。

二、審查和意見回應。一年中，經理和員工應舉行兩到三次會議，以審查實現期望的進度。這種審查和意見回應的目的不只是衡量，而是改進。因此，可能需要審查和修改期望和目標，特別是在條件或優先事項發生變化的情況下。所有變更都必須同意並且記錄在案。

三、評估。到了年底提交績效和獎金建議之前，經理和員工應再次開會，檢視當年的績效和結果。這時要評估績效、核心能力的實現成果，並且確定需改進的地方和可加以利用的機會。同時也討論隔年的目標。

評估和開發過程預期的正面成果

如果員工經歷了以下情況，那麼年度評估和發展過程就可以被視為成功：

一、更有執行的動機。

二、提升自信心。

三、了解明確定義的角色、期望和策略一致。

四、實現發展的機會。

對經理來說，成功的結果具有以下特徵：

一、更全面的了解團隊成員的能力和績效程度。

二、提高生產力並改善成果。

三、透過即時、持續的討論和意見回應，避免重大問題。

如果開發過程產生以下結果，公司也會獲益：

一、策略、目標和員工個人策略角色的溝通得到改善。
二、努力實現策略目標。
三、加強績效與薪酬文化的連結與支持。
四、看到高潛力的員工以便未來提供機會。
五、獲得整間公司的培訓和發展需求的深入見解。

達成一致

到了一九四四年底，歐洲的第二次世界大戰幾乎已經結束。盟軍正沉浸在慶祝的氣氛中（艾森豪將軍稱之為「勝利熱潮」〔victory fever〕）。然後，該年十二月十六日，在比利時和盧森堡森林茂密的阿爾登地區，一支龐大的納粹裝甲部隊突然突破了盟軍的防線。這是一個驚人的發展。

事情是怎麼發生的？毫無疑問，盟軍的聯合部隊在數量和火力上，都比希特勒極度疲憊的軍隊強得多。事實證明，如果不能在對的地點、對的時間做好準備，即使是世界上裝備最好、最訓練有素、最全心投入的人也完全沒有用處。

一九四四年十二月十六日，阿爾登地區的防禦不足，只有數量相對較少的美國士兵、一些疲憊不堪和尚未經過戰爭考驗的部隊，被派往休養生息的「安靜區域」，大部分是經驗不足的國民兵部隊。

由於這裡的美軍武力和人數都處於劣勢，迅速被敵軍突破。美國最高指揮部緊急向阿爾登地區派遣大量增援部隊，尤其是巴斯東鎮，美國第一〇一空降師被包圍的地方。幸運的是，盟軍在歐洲最有能力的戰地指揮官巴頓將軍，有信心能將他的第三軍團迅速派到現場。這支部隊一直在戰爭西線的南端推進，當時正位於阿爾登南方約九十英里。

這支部隊在連續作戰了三個月之後，將三十五萬軍隊向北方轉了九十度——而且是在現代歐洲歷史上最寒冷的冬季、最惡劣的天氣下做到這一點——確實是一個非常艱鉅的任務。

但巴頓明確了解到，反敗為勝取決於在對的地點和時間運用對的人。第三軍團轉向、前進，打破了德軍最後一次戰爭攻勢，將一場代價高昂、士氣低落的盟軍挫折，轉變為一場巨大的勝利。

這場戰事被稱為「突出部戰役」（Battle of the Bulge），可以作為人才調整的一個教訓，這是一個多步驟的過程，也就是確保你在對的地點和時間運用對的人才。

你的員工中很可能沒有像巴頓將軍這樣的人。因此，你得確保不會陷入困境，或必須費心才能立即找到你需要的人。為了避免這種情況，必須立即實施人才調整流程：

一、確定公司當下和未來的人才需求，包括成功執行策略所需的能力，以及關鍵職位的特定領域知識、經驗和能力。評估目前的準備情況以及長期需求。如有必要，研究公司的組織結構，以確保能為公司策略提供最佳的支援。

二、檢視公司現有人才。分析關鍵優勢、技能和能力。找出具有高潛力的員工——領導職位和重要任務的候選人。確定現有的人才，以確保候補人選充足。這包括確定關鍵管理角色可能的繼任者——現在已經準備好或可以很快準備好的人。

三、找出導致公司面臨風險的人才缺口。制定行動計畫，透過招募（招募新員工）、約聘（聘用顧問或臨時工）和培養可用的內部人才來縮小這些差距。

四、定期檢查人才狀況，包括透過正式的領導人才審查會議。

成功的人才調整流程，有助於準確評估人才需求和可用人才。良好的一致性將一直促進公司的成長策略，並且應該成為八二法則管理流程的組成部分。

你需要定義目前和未來的組織結構，以最佳方式支援策略執行。定義這種結構的關鍵，在於先闡明關鍵角色，以及可用人才填補這些角色的準備。

定義每個關鍵角色所需的特徵、行為風格、技術能力、領導能力和經驗。根據新出現的情況，評估現有人才和需要填補的空白。

透過適當的排序和時機進行最佳調整，可以提供「已準備好」的人才來支持公司的策略。你得積極主動的執行這個過程，以防止失去競爭優勢。

薪酬

人們的動力來源很多，但永遠不要低估獎金的吸引力。你提供的基本薪資必須在市場上具有競爭力，並且符合工作的職責。此外，福利（例如健康、收入保障、儲蓄和退休計畫）在激勵、績效和留才方面可能很有價值。與基本薪資一樣，員工福利的內容必須根據市場競爭來規畫。某些職位和情況需要額外津貼，例如需要大量出差的工作可使用公司汽車等附帶的福利。

獎金和激勵措施是基本薪資、福利和津貼以外的可變薪酬。這些應該與公司政策中明確規定的績效衡量和指標正式連結。將其分為短期激勵薪酬（Short-term Incentive Compensation，簡稱STIC）和長期激勵薪酬（Long-term Incentive Compensation，簡稱LTIC）可能很有用。

短期激勵獎金通常是根據年度績效指標，以現金形式發放。長期激勵獎金是根據長期（例如三年）績效衡量標準。這麼做的目的在於，激勵員工從公司最佳長遠利益出發思考與行動，不斷提升公司價值。

長期激勵獎金可以是現金、股票或認股權，這讓員工擁有公司的所有權股份，對專注於長期發展的公司來說是非常恰當的獎勵。

無論經營團隊如何設計薪酬，任何健全的薪酬制度都應該考慮這些目標：

- 薪酬實際上與表面上都應該公平，資訊得清晰透明。
- 薪酬應具競爭力，以吸引和留住卓越的人才。
- 薪酬應該對應明確的職務責任。
- 薪酬應獎勵績效，激勵員工加倍努力以取得最佳的成果。
- 薪酬應加強所有實務中的道德行為。
- 薪酬應嚴格的使管理者與股東的利益一致。
- 薪酬結構應將大部分的「風險薪酬」，保留給責任較大的高階領導者。

在按績效支薪的獎勵卓越文化中，公平、競爭和透明，是有效獎勵制度的標誌。無論在什麼情況下，獎勵結構都不應顯得個人化、任意、隨機、不一致，或反覆無常。透過根據績效、成果、貢獻和潛力評估，將所有獎金評估標準化，來評估績效薪酬。

15 別讓併購成為恐龍交配

「大企業的合併……看起來就像是恐龍交配。」

——約翰・奈思比（John Naisbitt），《大趨勢》（*Megatrends*），一九八二年

大部分商管書籍，都嚴格依照機能性成長，來闡述策略性成長，而機能性成長來自公司內部資源。那麼併購呢？書中可能會提到它，但這不是你可以從書本上輕易學來的東西。也許因為在某種程度上，併購不是高階經理人所需的核心技能和流程。人們普遍認為，比起透過廣泛併購，依靠機能性成長的公司更可靠。

事實上，這是一種偏見。但我必須承認，前面所有章節探討的策略，幾乎只涉及機能性成長。本節對這一點做了修正。這一節提出了一套透過併購，成功實現成長的可行流程，相信非機能性成長可以、應該、甚至必須在策略執行中，發揮重要的作用。

話雖如此，在開始之前，還是必須提醒各位注意一件事。

約翰．奈思比是一位未來學家，他的履歷包括擔任約翰．甘迺迪（John F. Kennedy）教育專員助理，並且從智庫與顧問公司（包括他自己的顧問公司）以及哈佛研究員、莫斯科國立大學、南京大學和南開大學的教授職位，一路向上晉升。他的第一本書《大趨勢》於一九八二年在五十七個國家出版，銷售超過一千四百萬冊，並連續兩年占據《紐約時報》（*The New York Times*）暢銷書排行榜的第一名。他於二〇二一年以九十二歲的高齡辭世，因為夠長壽，所以他看到了一些自己曾經預測的未來，以及可能沒有預測到的未來。

他將一九七〇年代和一九八〇年代（當他研究和開始寫書時）對併購的近乎狂熱，比喻為「恐龍交配」。換句話說，併購是一種原始、笨拙且註定會滅絕的活動。

關於許多併購案，這種觀點在過去和現在都是正確的。當衝動、非策略性、不顧一切的進行，或是取代機能性成長時，過程和結果往往原始又笨拙。我們應該要聽從奈思比的警告，但不是無條件的接受他的觀察。與任何其他業務成長模式一樣，併購需要經過理性的流程，並結合公司的策略和執行。本節將從八個關鍵層面詳細介紹併購：

一、收購策略制定。
二、尋找資源。
三、評估。
四、盡職調查（按：Due diligence，確認對方公司是否值得投資或具有潛藏風險）。
五、談判。
六、歸檔和結案。
七、整合。
八、交易衡量。

收購策略

沒有經過深思熟慮、寫好購物清單就去超市，絕對是在浪費時間和金錢。併購也是如此。首先，任何併購都必須在整體八二法則業務策略中有意義。收購策略的目的，在於應用清晰的邏輯，來識別將在公司策略框架內，創造價值的併購目標。

這並不排除投機性的併購。但是，在公司策略之外真正創造價值的機會真的很少。除了對公司策略有幫助之外，你的併購策略還必須理性的了解交易的規模和頻率：適合策略的交易類型，包括附加項目、鄰近領域、全新的平臺，以及有吸引力的收購候選對象的屬性和特徵。

收購流程

與每個策略業務職能一樣，明確建立的流程，對收購會有很大的幫助。

一、雖然衡量收益的方法很多，但我使用EBITDA，不僅因為這是一個全面的衡量標準，也因為這是我所在領域（私募股權）常使用的關鍵評價指標，這通常涉及到財務。首先從營收和EBITDA的角度，深入理解長期（通常是三年或五年）目標。例如，我帶領的一間公司的五年目標是營收二十六億美元，EBITDA為五．五億美元。

二、接下來，確定你的標的，最簡單的形式就是目標與策略預測之間的差距。

三、標的將決定為了填補已確定的差距所要收購的規模。

四、有了這些基本衡量標準後，判斷有吸引力收購候選者的屬性。請至少考慮以下四個層面：

- 終端市場：你滿意收購目標所屬的產業、其服務的地區和終端市場嗎？在回答這個問題時，請考慮潛在市場的預期成長趨勢、對目標產品或服務的需求、競爭性產業動態，以及目標的歷史和預測週期性。
- 策略和文化契合度：要提議讓新人加入你的家庭。認真考慮這間目標公司，將如何與你現有的投資組合形成強大的策略和文化契合度，以及它將如何與你的公司策略保持一致。
- 營運特徵：尋找你認為會提高股東價值的特徵。
- 財務屬性：不要忽視主要財務屬性。最理想的是強勁的營收和獲利成長潛力、穩健的營業利益率和高現金投資報酬率（Cash Return on Investment，簡稱CRI）。現金投資報酬率是指來自營運的綜合現金流，減去必要支出加上客戶預付款，再除以總投資、廠房和設備以及主要營運資金（庫存＋應付帳款－應收帳款）。簡而言之，現金投資報酬率＝現金流（主要營運資金＋總不動產、廠房和設備）。

除了這些一般的吸引力衡量標準外，你還需要非常具體的確定收購標準，並納入流程中。明確說明收購候選對象，將如何促進營運公司的策略目標，是否填補了產品缺口？是否能獲得新的業務領域？定義適用的策略目標，並根據這些目標衡量候選對象。

判斷時機

併購應在年度策略管理流程（SMP）完成後進行，以便經營團隊可以根據交易規模、頻率和企業發展團隊應開發的交易類型，來確定收購的優先順序。

尋找資源

尋找資源是指為潛在交易開發管道，然後利用這些管道找出特定的收購對象。尋找資源是必要的行動，這樣才能夠開發和管理符合你收購標準的潛在目標，使它們既可靠又一致。

尋找流程要求建立和維護強大的外部網路。你需要與投資銀行、私募股權基金和其他機構建立關係，以創造交易流程。經營團隊必須與其組成營運公司密切合作，以確定有助於實現其策略目標的併購機會。此外，管理者應利用來自公司外部的關鍵資訊來源。視情況與諮詢公司合作，尋找潛在的交易流（deal flow）機會，並與財務顧問合作，搜尋符合你策略目標的公司。

在公司經營層面，經理人應該利用他們的商業知識，以及與關鍵客戶、供應商和競爭對手的關係來不斷發現機會。經理人要請內部交易團隊注意這些機會，團隊應使用其客戶關係管理（Customer Relationship Management，簡稱 CRM）的能力來評估這些機會，並在適當時將這些加入目標資料庫中。

尋找資源是一項持續的任務。不過說到底，這個任務只有一個目標：建立和維護一個強大且有吸引力的交易目標群。針對這個交易目標群來說，尋找資源只能實現三個可接受的結果。這三個結果可以：

一、建立一個可執行、有吸引力的收購目標群。

二、建立一個有吸引力、非進行中、目前不可執行的收購目標群。
三、從有效的收購目標群中，刪除沒有吸引力的對象。

評估

一旦在尋找資源的過程中，發現一個或多個可行的潛在併購對象時，評估過程就開始了。這是在盡職調查前進行的，是盡職調查的先決條件。最高管理職能部門，通常稱為企業發展小組或投資委員會，從其他適當的來源（例如營運中的公司或部門）尋求意見，並將目標視為投資機會來評估。在這個階段，分析應確定目標公司是否有足夠的潛力，值得花費更多的時間、資源和金錢，透過正式的盡職調查流程，對其進行評估。

本質上來說，收購有兩種類型的交易流：競價或專有交易。兩種都需要不同的評估過程。

評估競價流程

在競價流程中，通常會有一段簡介，多半是一份簡潔的 PowerPoint 介紹，內容總結潛在的銷售流程，但是（為了保密）而沒有說明標的公司。不過，簡介的內容應該包含以下資訊：

- 產業概況，描述公司經營的產業和競爭範圍。
- 業務內容，包括公司的能力和提供的產品或服務類型。
- 位置，指出公司的總部和分公司分別所在的地點。這對於策略地理一致性來說很重要。
- 財務摘要，提供潛在目標公司的財務狀況，包括對 EBITDA 獲利率和其他相關財務指標的預測。
- 投資理由、以價值為主的收購原因，例如經常性收入、企業客戶、集中的客戶群、獨家平臺、持有或控制的專利等。
- 客戶概況，突顯造就或強化公司信譽的關鍵客戶。
- 交易結構，按賣方期望列出交易的性質：完成業務出售、分拆、風險融資等。

- 銀行資訊，詳細說明出售過程是專門由一間銀行負責，還是由兩間以上銀行共同處理。這部分要提供銀行聯絡人的詳細資訊。
- 使用簡介資訊來評估收購的機會是否有吸引力。如果看起來很有吸引力，就要簽署保密協議（Non-disclosure Agreement，簡稱ＮＤＡ），並取得和審查機密資訊備忘錄，然後透過確認與公司策略的一致，來評估這次收購的策略契合度。如果確認一致，則繼續進行初步盡職調查，並啟動全面分析，包括市場研究（如果適用的話）。
- 進行初步估值分析，從中準備交易備忘錄、目標資料、計分卡和任何其他必要的資料。
- 此時，可以與公司的投資委員會或同等機構一起審查。
- 假設交易通過投資委員會的核准，就可以起草意向書（indication of interest，簡稱ＩＯＩ）並提交給目標公司。如果受邀，可以參加任何管理團隊的介紹，並根據任何新資訊更新評價的模型。
- 根據最新的資訊，再次與投資委員會或同等機構一起審查這個機會。

● 如果投資委員會批准，則提交更新後的意向書，並將目標公司的回應交給銀行、併購委員會或同等機構。

評估專有交易流程

專有交易與競價的不同之處在於，特定買方（你的公司）可以在目標公司向其他人展示之前就收購該公司。專有交易通常根據目標和潛在買方之間感受到的契合度，來介紹給買方。從賣方的角度來看，專有交易的優勢（通常）在於可以比競價更快完成。

顯而易見的第一步是，潛在買方透過公司研究來評估策略契合度。在與賣方接觸之前，應簽定保密協議。如果初步研究傾向於確認公司具備良好的策略契合度，那麼與標的公司的管理團隊或是業主進行電話會議，就是為了能更了解彼此。

如果標的公司在這些初步的步驟之後，仍然具有吸引力，請從標的公司的財務報表中，取得過去和預測未來的報告，並進行初步估值分析。如果分析結果正向，就要準備交易備忘錄、目標公司的簡介和其他重要資訊，以轉發給投資委員會或同等機構審查。

根據投資委員會的回應，應起草一份不具約束力的意向書並提交給目標公司。然後將回覆以及所有的更新資訊，一起交給併購委員會。

結果

無論是競價還是專有交易，都只有兩種可能的結果：一、標的公司仍然很有吸引力，因為它與收購公司的策略保持一致，因此這個程序會接著進入盡職調查；或是二、標的公司與收購公司的策略不一致，使公司退出收購程序。

盡職調查

雷根總統（Ronald Reagan）的座右銘是「信任，但是要驗證」（Trust but verify）。這句話是他向俄羅斯人借來的，對俄羅斯人來說，長期以來這一直是一句耳熟能詳，並在冷戰時期裁減核軍備背景下使用的諺語。他向俄羅斯人和美國人傳達的資訊是：只要我們確認他們的官員報告或承諾的一切，我們就可以信任蘇聯。

「信任，但是要驗證」是任何收購關鍵階段的完美格言。在你全面了解標的公司

（包括他們聲稱的所有事、財務報表和其他相關文件）之後，就該驗證和加深你對標的公司的了解。盡職調查尋找潛在的財務、法律和監管風險，同時強化你對公司結構、經營、文化、人力資源、供應商與客戶關係、競爭定位和前景的了解。現在，你應該對現階段的這些事情非常清楚。

你現在正在尋找的不是機會，而是陷阱、警示和停止的跡象。在盡職調查時發現的東西，很可能會促使你終止交易。假設到目前為止，併購過程已經有效的推進，那麼擬定交易方面通常需要進行一些修改。盡職調查至少有助於確保這項仍然有前景的收購，代表著在對的時間以對的成本做出的最佳決策。

而且，順帶一提，做雙向的盡職調查對你會有幫助。也就是說，仔細檢視收購的目標之外，你還應該思考在將收購對象整合進你的公司時，需要解決哪些議題或問題（如果有的話）。一輛跑車停在你家的車道上看起來很酷，但是當你真正需要的是一輛載孩子上下學的休旅車，那輛跑車真的值得你花錢買嗎？

雖然做盡職調查時需要做一些辛苦的工作，通常需要會計和法律專業知識，並且（可能）需要諮詢工程師、行銷業務等不同人員，但是最終目的非常簡單。確認賣方所說的內容、財務、合約、買方和所有其他相關資訊，並重新評估你的假設。目標是確保組織中的每個人都夠滿意，以完成交易。

盡職調查過程

盡職調查並不遵循任何單一的固定流程，這取決於交易雙方公司的性質。標的公司是否公開？是資產收購還是股票收購？所涉及的市場性質如何等。

如果收購公司有專門的企業發展職能部門，那麼這個團隊應該領導盡職調查過程，並在必要時與稅務、法律、人力資源、資訊和財務經理進行協調。如果聘請了第三方盡職調查顧問，企業發展團隊應監督這些顧問。盡職調查團隊通常負責五個可交付成果：

一、利用包括顧問在內其他人的意見，開發包含所有盡職調查結果的估值模式。
二、諮詢法律和財務部門以確定關鍵問題，並為交易設定最佳條款。
三、視情況向併購委員會報告，並徵求委員會的意見回應。
四、為董事會準備通訊資料。

五、審查收購協議。

如果適用，營運的公司應協助盡職調查過程，尤其是為成交後的整合計畫做準備。財務部門必須引導制定收購融資策略、評估稅收影響，並提出結構性替代方案，以盡量減少不利的稅務影響。財務部門還必須為估值模型提供假設。法務必須與財務和企業發展部門密切合作，以確保最佳交易條款。

在邏輯上來說，盡職調查接續於評估階段之後，但評估需要根據盡職調查來驗證。事實上，盡職調查的各個方面，都應該根據需要進行。盡職調查過程的時間差異很大，實際所需時間要視交易的性質和複雜度而定，通常從三十天到六個月不等。

盡職調查結果

成功的併購盡職調查，會產生兩個結果：不是確認了目標公司的初始估值，就是與目標公司的初始估值相矛盾。這為風險和機遇提供了完整和準確的畫面，同時也提供了有助於促進標的公司，有效整合到買方業務中的資訊。

具體結果項目包括：

一、全面了解公司收購了什麼。在進行盡職調查之前，不應認為估值有效。

二、必要的調查工作。與法務審計一樣，盡職調查需要偵探的心態、經驗豐富的偵探知識，以及老江湖的閱歷。如果你的盡職調查團隊中沒有這樣的偵探，請聘請外部顧問提供協助。

三、找理由修改或取消交易。信任，但是要驗證。不要假設最壞的情況，但也不要假設最好的情況。以樂觀但懷疑的態度進行盡職調查。尋找問題。尋找退出交易的理由。尋找交易在結構、條款或價格方面需要修改的地方。

四、抑制墜入愛河的衝動。從第三點開始，不要讓自己愛上任何交易。保持冷靜。準備好退出交易。

五、跟著錢走，但不要被錢弄得眼花撩亂。財務是紙上的數字。你所買進的是將這些數字放在那裡的人。巴頓將軍經常指出，士兵就是軍隊。任何公司的重點永遠都是它的員工。

六、整合的第一階段是執行盡職調查。永遠不要忘記你正在調查將成為你組織一部分的實體。使用盡職調查來收集深入的觀點，以加速合併的規畫並予以最佳化。

談判過程

本節的所有內容都引導到這一點：談判。當你在收購一間公司時，只有在完全了解這間公司後才能開始談判；但是，談判的各方面或多或少，與盡職調查過程同步進行。這些方面包括談判收購協議本身、價格、託管要求等。買方在談判中的目標不是打敗賣方。目標與賣方無關。這一切都與金錢有關——討論優秀的條件和理想的價格。與盡職調查一樣，談判沒有單一不變的順序。也就是說，整個過程通常如下：

一、收購協定草案取自賣方。

二、這份文件由內部法律顧問、公司發展主管和可能的相關外部顧問審查。在閱讀這些文件時，專案被標記用於討論或協商。

三、將標記的草稿還回給賣方徵求意見。在協商問題時，這份文件可能會來回傳遞多次。

四、討論一些標記的專案並提交給盡職調查團隊，請他們提供意見。

五、將其他盡職調查項目和問題，納入收購協定草案中。

歸檔和結案

協商後，起草並簽署具有法律約束力的合約。收購公司有兩種主要方式：收購股票協定或資產交易。這些需要更廣泛的討論，我們就留給其他書籍去討論。無論收購如何完成，簽署文件代表著交易的完成，不過在歸檔後通常需要進行財務調整。

整合程序

儘管交易在法律上已完成，但併購過程尚未結束。現在要認真開始整合規畫了。制定計畫和關鍵行動清單，以最佳方式將收購業務整合到買方的營運中。整合步驟被廣泛認為是收購過程中最重要的階段之一。

不意外的，沒有單一、固定的整合流程，但關鍵步驟包括：

一、制定人力整合計畫。收購的一方剛獲得了大量的新進員工，這些員工必須入職並以其他方式融入公司。

二、再進行一次人力資源盡職調查。透過編製被收購公司的人力資源概況，以加速整合。

三、比較福利待遇。被收購的公司和買方公司之間的利益需要協調一致。

四、比較薪酬。這裡的分歧需要以被認為公平的方式解決。

五、根據第三點和第四點，指定的整合團隊負責制定福利和薪酬策略，以和諧的整合兩邊的人力。兩個人力系統必須完全整合。

六、領導任務完成。整合團隊確定新架構公司的領導需求，評估管理職位的候選人並分配工作。

七、必須解決重複的職務。收購和合併通常會產生「冗員」。領導團隊需要識別重複的員工，並將他們安排到新的職位或解僱。

八、必須建立清晰、集中、權威的溝通。資訊非常有價值。如果不系統化的溝通，在沒有資訊的情況下，容易謠言滿天飛，沒有人可以控制，這對任何人都沒有好處。

九、你需要可衡量的資料。因此要定義轉換資料的要求。這些是整合團隊將用於衡量整合後的整體成功，並指導整個過程進度的指標。

如何處理資料

不要浪費時間評估收購或合併。交易的衡量應被視為併購的最後階段。經營團隊要對併購的結果負責。對早期資料的分析將判斷收購案是否達到、超過或落後預期。如果早期結果令人失望，請決定並實行糾正措施。不斷更新評估價值模型的衡量方式。一般來說，交易衡量要一直持續到收購完成後的五年內。

如何避免身分認同危機

對於一些公司來說，是時候改變他們的基本身分了。西聯電報（Western Union）於一八五一年開始從事電報業務，而且做得非常好，結果西聯這個名稱從一八六〇年代到一九八〇年代初，在美國成為電報的代名詞。人們不再說「我需要發一封電報」，而是說「我需要發一封西聯」。

真的是非常成功的企業故事！但是哪裡出了差錯？

後來電報這種技術不只是過時，而且變得不重要——這就是問題所在。但西聯並沒有消亡。相反的，公司身分從與電報相關的名稱「西聯電報」，變為與電匯、匯票、匯款和帳單支付相關的名稱「西聯匯款」。這間公司不再從事電子資訊傳輸業務。從事的是電子匯款業務。這對西聯來說是一件好事。

如此徹底的身分改變，可能對你的業務不利。除非你的產業和技術已經發生了全面的改變，導致工作不再有利可圖，否則你需要非常警惕與現有核心業務完全背離的併購行為。

「從核心獲利」通常被認為是永恆的策略格言。大多數歷久不衰的企業，都將其市場力量，建立在明確定義的核心業務上。這就是他們的身分認同，而這種身分賦予了他們巨大的競爭優勢。在特殊情況下，企業需要徹底改變，但是更多時候，使企業脫離其核心的併購並不是一種策略性多元分散，反而是一種反策略性的弱化。如果多元化導致你的公司完全脫離核心競爭力，這麼做絕對是個錯誤。在評估潛在的併購範圍時，請從這個角度來衡量。

而且在做研究時，記得眼觀四面、耳聽八方。

透過八二法則的觀點，檢查每個潛在收購的層面。公司的每一位成員都應該服務、保護和提升最重要的少數人，而不會讓不重要的多數人造成負擔。這最重要的二〇％是你獲利能力的核心。

耳聽八方要聽什麼？

如果你在考慮某個收購案時聽不到客戶的聲音，請停下來，直到你可以聽到它為止。在透過收購新業務來冒著現有產品、管道、品牌和定價的風險之前，請確保你已經確定並了解客戶（你的A級客戶，也就是為你創造八〇％營收的那二〇％客戶）的核心需求。提高目前最佳客戶的音量。

那麼，併購的底線是什麼？收購的公司必須正在做你已經擅長的事情。

16 辨識風險，才能避免危險

「預見到危險，就已經先避免了一半的危險。」

——湯瑪斯．富勒（Thomas Fuller），《諺語集》（*Gnomologia*），一七三二年

我們做的一切都存在著固有的風險。風險是人生的一部分，也是做生意的一部分。因此，組織的領導者必須管理風險才能維持業務。但並非所有風險管理都一樣。有傳統的風險管理，也有主動且更全面的方法——企業風險管理（Enterprise Risk Management，簡稱ERM）。企業風險管理是策略管理流程中必備的方法，它應當被視為商業策略的核心規畫和實行。

傳統風險管理

由於企業風險管理是傳統風險管理的變體，我們應該先從了解傳統風險管理開始。儘管高階經理人每天都在管理風險，但是一般來說，他們會將其職責範圍內的風險管理，委託給業務部門主管。例如，在傳統方法中，管理資訊相關風險的不是執行長，而是技術長。那麼現金流的相關風險呢？執行長將這些任務交給財務長或財務主管。業務和行銷風險管理可能會分配給行銷長或業務主管，或兩者的某種組合。每項職能的領導者，都在自己的職權範圍內管理風險，並且擁有相當大的自主權。

這種傳統方法的主要優點是，將特定職能固有的風險，完全交由權威機構和專家管理。如果這看起來像是古老的常識，沒錯，這既古老又常見，但是請回想一下愛因斯坦如何定義常識：「偏見的累積。」事實上，傳統風險管理的缺點很多。首先，它強化了既有的組織孤島（organizational silos），甚至創造了新的組織孤島。企業內的孤島會導致產出的結果並非最佳成果——由於專注於單一業務部門最佳化，而不是在整個企業的背景下，將部門產生的結果最佳化，導致效率低落和無效。

這可能會導致即將來臨的重大風險，未能及時被發現。有些風險位於不同孤島之間，因此在危機或災難性事件發生之前，一直沒有發現風險。同樣的情況也是如此，相同的風險可能會以不同方式影響多個孤島。行銷長可能知道潛在風險，但可能不知道它會如何影響企業的其他職能。同樣的，使用傳統的風險管理方法，孤島式經營的負責人，可能會用對業務其他方面產生不利影響的方式應對已發現的風險。舉個經常遇到的例子，技術長可能會授權更嚴格的資訊安全協議，而不考慮對客戶購買產品的入口網站的影響。

即使是負責整個企業的執行長，也經常透過內部視角來看風險。以執行長為首的高階經營團隊，可能會專注於內部營運，也就是組織內部的「業務」，而忽略業務外部出現的風險。忽視競爭對手，尤其是在技術創新推動的市場中，甚至可能沒有發現明顯的競爭威脅。以執行長為首的高階經營團隊，也可能無法將風險管理與建立策略框架，以及最終的策略和業務計畫充分連結起來。那麼重點是什麼？傳統觀點並沒有將風險管理完全融入策略規畫中。

將風險管理融入策略中

根據定義，一項有效的企業策略應該要涵蓋整間公司，應用這項策略的企劃書也是如此。因此，企業風險管理必須以全面、包含整個產品組合的視角來看待整個企業，以因應威脅企業優先目標的風險。企業風險管理應該採取由上而下的視角，審視可能阻礙企業目標的所有重大風險。

將企業風險管理視為策略性的領導流程。它所提供的風險觀點，應該在組織的策略計畫中循環。越了解即將出現的潛在風險，以執行長為首的高階經營團隊和董事會，就越能有效的制定具有足夠彈性的策略，以避免或抵禦所有相關的風險。**考慮風險的時間不是在特定風險發生時，而要在制定策略時**。這種主動的風險規畫不只是一種必要之惡（雖然的確是如此），也是透過減少風險破壞策略計畫的機會，以獲取和保持競爭優勢的方法。雖然無法避免所有風險，但將風險管理納入策略，幾乎肯定能讓高階經營者和中階經理人在風險發生並產生影響時，做好更完善的準備。

企業風險管理是一項流程，而非專案

風險是一種會不斷演變的存在。因此，企業風險管理是一個持續的過程，而不是一項開始、過程和結束都分開來看的單一專案。企業風險管理適用於整個獲利成長營運系統。執行企劃書的內容時，會建立一個意見回應循環，這個循環可以追溯到最初一百天內的情況評估。我們可以更詳細的分解這個意見回應循環。在意見回饋的過程中，企業風險管理必須不斷識別其他新出現或不斷演變的風險，評估其潛在或實際的影響、設計和實行因應措施，溝通和監控該因應措施，並據此修改策略和目標。

如下頁圖9所示，策略不只包含了使命、願景和企劃書，還包含整個企業的業務環境，以及組織風險承受能力的策略確定。這個策略的每一個要素，都是透過六個獨立的步驟，針對風險管理所制定和評估：

一、建立風險登記冊。又稱為風險日誌或風險清單，企業記錄和追蹤整個組織風險的工具。風險登記冊通常是一個試算表，其中包含與每個重大潛在或已識別風險相關的欄位。在制定企劃書時，列出的一些風險將被記錄為實際遇到的事件；其他則是預測的風險。隨著企劃書的部署完成，一些預測風險的重要性將會降低，其他未預料到的風險將會出現。

各種風險登記模型、範本和表格均可在網路上取得。請記住，所有有效的風險登記冊，都會記錄收集到的有關每個威脅的資訊。這些資訊包括風險的性質、潛在的影響程度、採取的預防和緩解措施等。風險登記冊應該會讓你知道，有關預測或識別的每個風險所需了解的一切。

就像商業中要處理的其他事項一樣，同一套方法未必適合用來應對所有的情況。儘管如此，每個風險登記冊都

▼圖 9　策略性風險管理的驗證／重新評估。

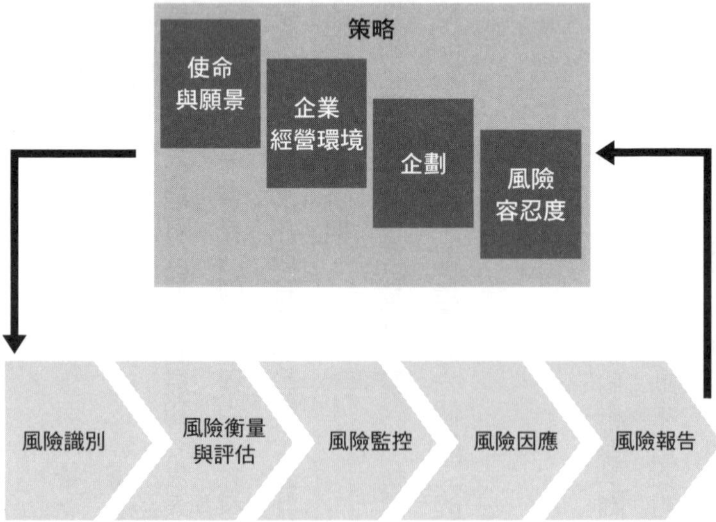

應包括以下項目。

- 風險識別：這是一個標籤，可以是一個名稱，甚至是一個識別號碼。識別也應將日期註明在風險中。
- 風險描述：綜觀風險的簡要說明。
- 風險類別：將風險分類，如預算風險、外部風險、安全風險、法規遵循風險等。這有助於評估風險的根源，以及組織的哪些成員在減輕風險方面應該最有幫助。
- 風險機率：風險發生的可能性有多大？確定標準的口頭評等，例如「不太可能」、「可能」或「非常可能」，或建立一個數字量表，可以百分比呈現，以確定發生的可能性。
- 風險分析：衡量潛在影響。同樣的，在標準口頭評級或定量測量之間進行選擇。
- 風險緩解（風險因應計畫）：減輕或消除相關風險的逐步解決方案，應該要包括對計畫預期結果的描述。
- 風險優先順序：風險管理的關鍵，是確定每個已識別風險的優先順序。
- 風險負責人：誰負責監控和減輕特定風險或一組風險？這個「誰」可以是個人或

是一個團隊。

●風險狀況：風險目前的狀態，是「開始」、「進行中」或「已結束」。

二、風險識別。風險登記冊應分發給直接參與風險管理的人員。在許多情況下，這會是一個指定的風險管理委員會。在策略制定過程中，風險登記冊會確定公司對每種風險的短期和長期風險偏好。這對於制定業務計畫很重要。

三、風險衡量和評估。應該在年度會議上審查風險登記冊，並在必要時（重新）評估主要風險以調整策略，或是營運流程。

四、風險監控。應定期審查風險登記冊，以了解新風險和現有風險狀態的變化。同樣的，目前的資訊可能會影響營運層級或策略本身。

五、風險因應。登記冊上列出的每個風險負責人，要制定消除或緩解的計畫。風險登記冊中，要描述建議的因應措施。

六、風險報告。為管理團隊（包括董事會）準備風險報告。在這個層級的報告，應包括按主要風險類別組織趨勢的綜觀摘要。公司策略團隊應每季撰寫並提交報告。通常會使用熱圖，根據嚴重性和可能性排名。

企業的風險觀點

企業風險管理關注最終影響整個企業的風險，特別是那些威脅企業核心目標的風險。這代表著想要了解風險，就需要了解策略中所有為企業帶來價值的因素。如果企業優先考慮其主打產品為最重要的項目（一般上市公司經常是如此），也就是價值的主要驅動力，那麼企業風險管理需要關注並應對，對這些產品及其市場人口組成的競爭和威脅。如果公司優先考慮透過新產品成長，就會出現一連串新的風險。如果預期的成長主要是透過收購實現，那麼就必須考慮另一組複雜的風險。

企業風險管理是主動式的，所以偏好管理長期風險，但絕不會排除短期風險。舉例來說，一間開發許多新產品或服務的公司，肯定是以長期為主；然而，新產品或服務的推出階段，所帶來的風險往往是短期的，卻可能會帶來長期的後果。最理性的做法是透過整體策略視角來看待一切，無論短期或長期，這樣就能同時考慮這兩種類型的風險。事實上，整個企業包含的風險觀點通常非常廣泛。雖然企業風險管理通常關注威脅策略的風險，但企業風險也識別、預測和因應營運、法規遵循和報告風險，這些風險全都會影響企業的策略成功。這使得全面、主動的企業風險管理成為一個有價值的策略工具。

實際管理風險

企業風險管理能夠辨識出組織面臨的十大風險，並優先處理。這些最優先的風險應該在策略和業務計畫中占據最顯著的位置，因此應該成為以執行長為首的高階經營團隊和董事會首要考慮的因素。這些風險最能決定企業的風險偏好。透過這種方式真正管理風險，也就是根據機會進行評估和平衡。

風險管理的核心是所謂的領結分析（bowtie analysis）。應分析每個潛在風險事件（尤其是前十大類別）的原因和後果。你可以將風險本身，想像成男士領結中間打結的部分。結的左側標有「原因」，提出的問題是：「什麼會導致風險事件發生？」以及「我們能做些什麼來防止風險事件的發生？」結的右側標有「後果」，提出的問題是：「發生什麼後果？」以及「我們可以採取哪些措施，以減輕或將損害降至最低？」

真正的管理風險主要是最高經營團隊的責任，經營團隊和董事會責無旁貸。這些企業實體必須了解企業風險管理流程的結果並採取行動，確保風險程度處於企業策略確定的風險偏好範圍內。

公司經營團隊採取主動風險管理，從來沒有像現在這麼重要。大多數企業的風險環境正變得越來越複雜，儘管企業面臨的風險越來越大、速度越來越快。然而與此同時，消費者、客戶、監管機構、投資人和員工對有效風險管理的期望，持續變得越來越高。因此，將風險管理整合到整個企業策略中的必要性變得更加明確。

17 讓標準可被衡量

「可以被衡量的事就可以被完成。」

——彼得．杜拉克

西方傳統的第一位哲學家是一位名叫「米利都的泰利斯」（Thales of Miletus）的人，他於西元前六二六年或六二三年左右出生於現在的土耳其。因為大膽的放棄以神話來解釋世界，並透過對自然萬物的觀察來回答最基本的存在問題，他經常被稱為科學之父。大多數情況下，他透過測量事物來找到答案，從金字塔的高度到船隻與海岸的距離，全都是使用幾何學來計算。實際上，他在尋找建立客觀事實的方法——我指的真理是不受限於人類感知、想像、願望，或純粹的一廂情願。

如果建造一座金字塔，你可能會宣稱它有一千英尺高（按：一英尺等於三〇．四八公分），而你的對手可能會不承認，然後說它只有三百英尺高。只要能找到一種測量方法，不會受到你、競爭對手或其他任何人的影響，你就能得到真相。吉薩大金字塔（The Great Pyramid of Giza）現在量起來高四百五十四英尺。也許你的歐洲朋友會堅持說它只有一百三十八公尺高，但是沒有關係，因為四百五十四英尺就是一百三十八．三七九公尺。雖然度量的單位不同，但是每個單位都是標準的，並且可以用標準、客觀的方式相互轉換。更重要的是，英尺和公尺都不受人類的感知、願望、意圖、動機、想像力或任何事物所影響。兩者都是尺規上的線條和數字，是普遍、幾乎被眾人一致同意的標準。

人類建立的文明會衡量事物，我們通常將這些衡量的結果稱為現實，除此之外的一切都只算得上是感知或意見。

無論是經營、收購還是光顧企業，你都會想要看到具體數據。你會想要查看、評估和比較關鍵度量。這就是你判斷企業現實情況的方式──它的效率、價值、成功以及這些品質的不足或缺失。

彼得．杜拉克說：「可以被衡量的事就能被完成。」有時這句話也會被引用為另一個版本：「可以被衡量的東西就能改進。」根據我在商界的經驗，這兩種說法都正確，我建議加入第三種說法：可以被衡量的東西就是真實的。其他一切都會受到偏見、私心、貪婪、希望、恐懼的影響，也許還有幾千種其他有意識和無意識的動機所影響。

要為任何企業提供以現實為基礎的領導統御能力，你就必須經常進行衡量。但是，如果你走在街上看到有一個男人拿著一把尺，測量一個又一個隨機選擇的物體時，你會有什麼感覺？我想你不會特意問他在做什麼，或是他想要完成什麼。我猜你經過時會和他保持很遠的距離，也許只會停下來看看他是不是腦袋不太正常。

策略性衡量

隨意的衡量，是瘋狂、荒謬、不理智的，最重要的是，這麼做毫無用處。就像所有希望有效率營運的企業一樣，衡量必須以策略為根據。衡量很重要，但衡量對的事物更重要。正確的事情是具有策略影響的事情。另一種說法就是重複杜拉克說的兩種之一：「可以被衡量的東西就可以被改進。」衡量任何能夠改進的策略要素。還記得童話故事中的金髮姑娘（Goldilocks）嗎？她闖入了三頭熊的家，發現一碗粥太冷，一碗太熱，但第三碗的溫度剛剛好（按：金髮姑娘的故事出自英國童話《金髮姑娘和三隻熊》〔*Goldilocks and the Three Bears*〕，後來發展為金髮姑娘原則，被應用於心理學、工程等諸多領域，意指「恰到好處」的概念）。

有些公司沒有進行足夠的衡量。有些公司衡量得太多了。成功的企業不是為了衡量而衡量，而是為了改善。這樣的衡量就是剛剛好的衡量。

關鍵績效指標

KPI是實現預期（即策略）結果進展情況的關鍵可量化指標，聚焦能夠創造策略和經營改善的行動、流程和資產。收集正確的KPI並對其進行評估，你就能擁有一個穩健的分析基礎以做出最重要的決策。KPI這個管理工具能提供可衡量的預期績效水準，以作為團隊、部門或公司在設定某個時間（通常是特定某一季）之前達到的客觀目標（因為是數字，所以客觀）。

當汽車製造商想說服你，他們的車輛在加速方面優於競爭對手時，他們不會播放廣告說「我們的車速度最快」。他們會在廣告中引用一個零到六十的數字（按：汽車從靜止加速到每小時六十英里的時間，通常是衡量汽車加速性能的指標），並與競爭對手的零到六十數字進行比較。對於需要速度的購車者來說，零到六十的數字就是他們決定要買X車還是競爭對手Y車的KPI。

企業經理人經常談論「目標」。這在一定程度上是有用的。如果你的嗜好是射箭，就會知道射中靶心的感覺有多麼美好。如果你對自己的嗜好很認真，你就會不斷練習，直到提高射中靶心的機率。但是，無論你多麼致力於這個嗜好，一旦你鬆開弦讓箭飛出去，世界上就沒有任何事情可以提高正在飛行的箭正中紅心的機會了。箭的路徑已經融入了你的瞄準、拉弦和鬆開弦的方式，是的，還有你無法控制的風況。

箭並不是一種聰明的武器。這是一種笨武器……瞄準的是一個笨目標。但是在商業中，和KPI一起使用就構成了一個聰明的目標。透過觀察KPI，你可以改變業務軌跡。原因在於，單一KPI或一連串的KPI，可以用作關鍵績效指標和關鍵領先指標（key leading indicator），它們是未來成功或失敗的預測指標，甚至是前兆。識別並衡量領先指標，你就有了一套可以推動預期影響的衡量標準。你可以更改這支箭在飛行的過程中的路徑。

如何驗證已確定的領先指標？很簡單。查看落後指標——由領先指標驅動的任何變化的影響。如果落後指標顯示出可以衡量的改進，就表示你已成功解讀KPI並採取行動。這不是你的直覺，不是因為你有像蜘蛛一般敏銳的感官，也不是因為你腳趾上的雞眼隱隱作痛。這就是衡量得出的數字告訴你和所有人的。

好的KPI具備什麼特點？

好的KPI在你的目標和業務策略的背景下，具有可操作的意義（創造改進的可能性）。雖然是這麼說，有一些通用的常識性準則可以幫你找到良好的KPI。而良好的KPI具有以下特點：

- 提供量化（因為量化，所以客觀）的證據，證明朝著預期結果的進展。
- 衡量你需要衡量的內容，以便為你的決策提供更好的資訊。

- 提供真實且可比較的數據或基準，讓你能夠衡量隨時間變化的績效。
- 可以追蹤有效性、效率、品質、即時性、法規遵循、治理、行為、資源利用率和經濟性。
- 追蹤專案績效和人員績效。
- 在領先指標和落後指標之間保持平衡。

你應該衡量什麼？

同樣的，這要視你從事的業務而定。舉例來說，如果你經營一間特色街角咖啡店，你會想要評估投入、產出、過程、結果，也許還有專案措施。

投入：咖啡（包括品種、供應商、品質、儲存要求等）、水、時間（以小時數或員工成本表示）。

產出：你沖泡和端給顧客的咖啡（溫度、濃度、風格、味道、外觀等）。

程序：使用的程序和設備。

結果：銷售和重複銷售（顧客忠誠度和滿意度）。

專案衡量：任何改進項目的影響，例如特殊的行銷活動。

無論你的業務規模或性質如何，每個衡量標準都有其邏輯，有助於創造業務流程精準的內容：

一、衡量投入——揭示生產過程中消耗的資源屬性（例如數量、類型和品質）。

二、衡量流程——揭示你使用的流程效率、品質或一致性如何產生特定的產出。評估過程可能包括對過程的控制，例如，使用的工具或機器、所需的培訓等。

三、衡量產出——告訴你完成了多少工作，並定義該工作產生的結果。

四、衡量結果——揭示影響的程度和效應。這些結果可以分為中間結果（例如，客戶品牌知名度）和最終結果（長期結果，例如客戶保留、銷售趨勢等）。

五、衡量專案——指示主要項目或提案中，可交付的成果狀態和里程碑進度。

了解投入、流程和產出，是營運的衡量方式。這些結合在一起，對專案範圍會造成影響。產出（包括中間和最終的結果）是受到策略影響的衡量標準。然而，正是營運和策略衡量的結合，提高了企業的策略商業智慧。

請記住，所有企業都需要策略和營運 KPI。策略衡量要追蹤的是實現策略目標的進展情況，所以關注的是中間和最終結果。營運衡量所著重的是經營和戰術，才能每天都提供更好的資訊以做出決策。改進是漸進的，但也具累積性。

除了著重於專案的有效性、影響和整體進展的專案衡量之外，還要加入風險衡量，著重於可能對成功結果構成威脅的風險因素；還有員工衡量指標，著重於員工行為、技能、以及成功執行策略所需的績效。

指導原則

KPI 是根據公司經營團隊規定的指導原則制定的。這些是公司營運的策略方針。以下是控股公司（企業層級）及其營運公司的範例：

企業指導原則

一、管理現金並控制資本配置。
二、監督業務策略的實施。
三、管理高潛力人才，尤其是一般管理和財務人才。

營運的公司指導原則

一、不要倒退：維持EBITDA和現金收益報酬率。
二、較低的損益平衡點。
三、透過增量收入產生更高的EBITDA（營運槓桿）。
四、資本支出降至最低。
五、淨營運資本降至最低（付款條件非常重要）。
六、積極報廢未使用的固定資產。
七、利用企業的優勢成長。

KPI是什麼樣子：員工、產品、客戶

將KPI分為兩大類會很有幫助。有些KPI與員工、產品和客戶相關，其他則可以歸納為財務指標。在這兩個類別中，你可以制定和使用對你的業務最有用的KPI。考慮與製造業相關的員工、產品和客戶。你可能需要關注至少四個基本經營指標：安全性、品質、成果和生產力。以下是每個指標的KPI應該告訴你的內容，以及如何幫助你持續改進：

成長機會比：診斷指標

什麼是成長機會比（Right to Grow Ratio，見左頁圖10）？成長機會比是實質獲利（Material Margin，簡稱MM）除以總員工成本（Total Employee Cost，簡稱TEC）所獲得的數字。

- 實質獲利＝營收—採購—淨運費。
- 總員工成本包括薪資、稅金、福利、差旅費、佣金、獎金、保險等。

衡量的內容

- 將採購轉化為獲利的端到端效率（End-to-end efficiency）。

如何使用成長機會比

- 時間點和趨勢。
- 「贏得成長機會」的量化基準。
- 讓你知道歸零目標。

為什麼它很重要

- 將注意力集中在具有近期 EBITDA 影響的毛利可控槓桿上。

▼圖 10　成長機會比：診斷指標。

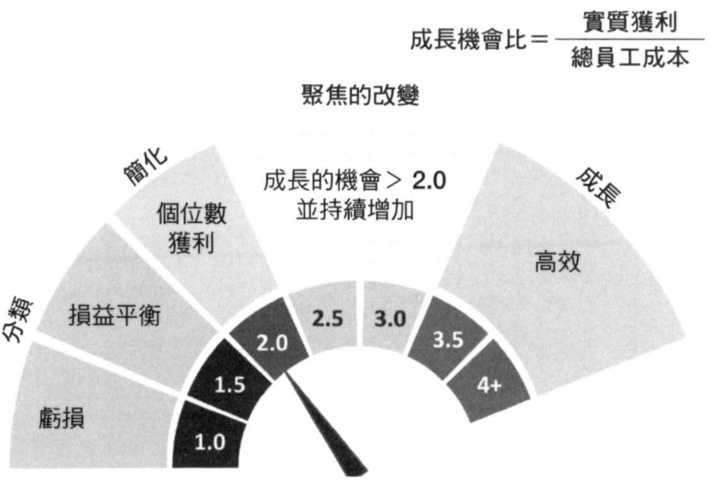

其他員工、產品和顧客KPI

根據組織的需求和性質，你可能想要在以下部分或全部領域，建立與員工、產品和客戶相關的其他KPI：

人才管理

尋找能夠幫助你評估公司人才需求的關鍵績效指標，尤其是透過確定你的人才與實現目標所需人才之間的差距。這些指標應該引導著重組團隊的執行計畫。

產品線簡化

使用八二法則來定義KPI，使你能夠確定最高獲利的最小庫存單位（stock-keeping unit，簡稱SKU），以便你將資源集中在這些上。這種八二法則簡化的有用指標會考慮每個產品的生命週期，以便經營團隊可以建立一個產品群組，保留長銷品和搖錢樹，同時保留空間給最小庫存單位中的新興產品。但是要盡量使簡化的過程變得簡單，方法就是確保你所使用的KPI，優先而且一定能找出顧客願意支付的產品。

創新

KPI對於評估創新的影響特別重要。創新本身並不是一種價值。相反的，創新的價值在於提升為客戶提供更好解決方案的能力，滿足他們明確和未明確說出的需求，以及為具有快速成長潛力的新興市場提供服務，甚至是開發這樣的市場。

有些創新是進化式的，是技術或流程逐步進步的結果。其他的（更罕見的）創新則是革命性的、不連續的，也就是具有破壞性。在那個時代，電話從電報進化而來。電話這個設備經歷了幾十年的漫長進化創新過程，直到突然被蜂巢式通訊技術顛覆，而創造出革命性的行動電話。最初笨重且昂貴的行動電話透過進化創新得到了改進，後來也被智慧型手機的出現顛覆，而蘋果的iPhone就是最初的形式。

KPI長什麼樣子：財務指標

所有良好的KPI都是關鍵（畢竟KPI的全文是「關鍵」績效指標）。但有些KPI比其他的KPI更為關鍵。所有的金額都是一個數字；因此，資金流自然會成為一組關鍵指標。以下是大多數工業製造組織定義為KPI的財務指標，這些指標提供了要達成或超越的目標：

差距分析

你可以將KPI應用於差距分析，比較實際績效與潛在（通常是期望的）績效。當KPI顯示公司沒有利用其資源、資本或技術來充分發揮其潛力時，你可以透過六個步驟確定實際績效與預期績效之間的差距：

一、確認目前的狀態。公司目前營運的狀況在什麼層級？提供哪些產品？為哪些客戶提供服務？滲透到哪些地區？為員工提供什麼福利？當然，量化資訊很重要，但也需要所有關鍵利益相關者的質化資訊。

二、確認未來的狀態。你希望成為什麼樣的企業？比較你目前的狀況與目標，然後檢視中間的差距。根據這個差距設定明確的（通常是量化的）目標。

三、確定差距。你的不足之處是什麼？必須做什麼才能實現你期望未來狀態的目標？對了，順便說一句，對於已經有的東西，你不一定非要改造得更好才行。觀察你的競爭對手。他們正在做哪些你沒有做，或你可以做得更好的事情？在產品和服務供給、人才招募、成長和併購方面，你需要什麼才能達到理想的未來狀態？

四、評估提出的解決方案。量化每一個解決方案，以便衡量項目的變化。製造成本很容易量化，但客戶滿意度也是如此。滿意的客戶百分比是多少？改進的客戶服務能夠提高多少滿意度？品牌認知度方面的差距（你希望提高品牌認知度）通常需要更複雜和更有創意的解決方案。

五、執行變更。決定要變更的項目並執行變更。

六、衡量更改帶來的影響。根據差距分析的結果採取行動是一個意見回應的循環。已執行變更、已衡量變更的影響、已更正有錯誤的地方，而方向可以追求、調整或大幅

營運槓桿	注意	工具	評語
市場與地區擴張、定價、通路策略／佣金、NPD、併購	訂單量、積壓訂單、交易流程、毛利率、價格／組合、目標市場與地區的營收百分比；經常性營收	投資組合管理、PVM 分析、併購、NPD、SMP、PD	需要高於市場。顯示我們正在奪取競爭對手的市占率。
成長、定價、成本降低、營運支出	利潤、生產力、產能利用率、品質、積壓訂單、員工人數	精實、八二法則、人才、PD、營運預算	成長率需要高於營收。顯示我們正在有效的利用資產。
付款條款和條件、庫存水平	主要營運資指標：DSO、DPO、DIOH 八二法則、精實、B/S 所有權、每日會議	八二法則、精實、資產負債表、資本結構所有權、每日會議	提供良好的「服務」和管理現金之間的平衡。通常需要良好的流程來解決。
成長：銷售額 效率：利潤率、NWC、固定資本	銷售、SG&A、資本支出、庫存、DSO	八二法則、精實、PD 和營運審查、OpCo 權威	這是我們業務成長的燃料；整體績效評估。現金為王！
			IL 用於營運公司層級。
			CRI 用於企業層級。

▼圖 11　財務 KPI：財務的衡量指標。

指標項目	說明	目標「好的標準是什麼」	經驗法則
營收（Revenue）	銷售量	200 bps ＞每年市場的成長＞ 8 % 全年機能性目標	5% 到 9% 以上的全年機能性目標；超過市場成長
EBITDA	息稅折舊攤銷前盈餘	每年改善 EBITDA 程度大於 100bps	10% 到 19% 的年成長率；需要「達到 25%」及更多的方法
營運資金（Working Capital）	流動資產－流動負債	成熟＜營收 20% 穩定 20% ～ 25% 新／擴張＞ 25%	成熟＜ 23% 穩定 23% ～ 27% 新／擴張＞ 27%
資本支出（CapEx）	用於取得或升級實體資產的資金		
自由現金流（Free Cash Flow）	淨利－（CapEx ＋ WC）＋ D&A	150% 淨利	需要大於淨利 125% 即可
投資槓桿（IL）	EBITDA / 總 PP&E ＋ WC		
現金投資報酬率（CRI）	淨利＋ D&A—維護 CapEx / PP&E 總額＋ WC		

▼上頁圖 11 中使用的縮寫列表

- B/S：資產負債表（Balance sheet）
- bps：基點（basis points）
- CapEx：資本支出（Capital expenditures）
- CRI：現金投資報酬率 （Cash return on investment）
- D&A：折舊與攤銷（Depreciation & amortization）
- DIOH：存貨周轉天數（Days inventory on hand）
- DSO：應收帳款流通在外天數（Days sales outstanding）
- DPO：應付帳款天數（Days Payable Outstanding）
- EBITDA：息稅折舊攤銷前盈餘（Earnings before interest, taxes, depreciation, and amortization）
- GM%：毛利率（Gross margin percentage）
- M&A：併購（Mergers and acquisitions）
- NPD：新產品開發（New product development）
- NWC：淨營運資本（Net working capital）
- OpCo：營運公司（Operating company）
- PD：政策部署（Policy deployment）
- PP&E：房地產、廠房與設備（Property, Plant, and Equipment）
- PVM 分析：價格銷量混合分析（Price volume mix analysis）
- SMP：策略管理程序（Strategic management process）
- WC：營運資本（Working capital）

改變。

差距分析的常用工具

SWOT 是最熟悉的差距分析工具，但也有其他常用的工具。

SWOT 分析：SWOT 是優勢（strengths）、劣勢（weakness）、機會（opportunities）和威脅（threats）的縮寫，幾乎涵蓋了差距的所有方面。SWOT 方法評估需要改進，或給公司帶來優勢的內部和外部因素。SWOT 分析可能會引導公司發揮其優勢，或是可能使公司從這些優勢中轉移資源，以支援其他能力的發展。獲利成長可能表示你需要離開舒適圈，如果公司在一個強大的領域享有廣泛的市場領先地位，經營團隊可能會決定重新分配一些資源，以開發其他機會。SWOT 還可用於探索組織的弱點，和衡量與競爭對手的差距。仔細分析將有助於經營團隊決定是否可以，或應該克服弱點。損益平衡分析可用於確定獲利是否值得付出，例如進行大額的資本投資。

SWOT 分析不僅限於找到內部優勢和劣勢。有些差距是由公司無法控制的外力所造成。這些因素包括技術發展、新的政府法規和其他外部因素。

麥肯錫的七大項（McKinsey 7s）：麥肯錫諮詢公司在一九七〇年代提出了一個差距分析框架，它列出對公司績效極為重要的七個項目。策略、結構和系統是「硬項目」，而共同的價值觀、技能、風格和員工是「軟項目」。七大項目模型評估經營團隊應該解決的任何領域差距。重點是改善各項目之間的協調。

魚骨圖（Fishbone Diagram）：又稱為因果圖（cause-and-effect diagram）或石川圖（Ishikawa diagram），用於識別特定差距及其影響。當發現問題時就寫下來，主要類別則寫在離主要問題很遠的分支上。這些細分了問題中的類別。將其他分支加到這些分支中，以找出每個類別中存在問題的原因。結果很像魚的骨架，在直覺的分解複雜問題時，可能會非常有幫助。

納德勒—圖許曼一致性模型（Nadler-Tushman Congruence Model）：開發於一九八〇年代，用於診斷績效不佳的情況，評估組織主要組成部分的一致性和協調性，例如文化、工作、結構和人員。這四個核心原則接收資料，這些資料是投入（公司的策略）和產出（公司的績效）。最終目標是確定這四個元件如何協同工作。這個模型本質上假設對組織的投入，進入了文化、工作、結構和人員的矩陣。產出品質是矩陣中四個元素交互作用的結果。使用該模型需要分析每個組成部分，以識別彼此之間的不一致。舉例來說，公司可能有一群出色的員工，但組織文化卻與員工不一致。公司可能在流程（工作）方面相當出色，但過時的官僚文化卻減慢了決策的速度。

PEST 分析：PEST 是政治（political）、經濟（economic）、社會（social）和技術（technological）的縮寫，找出和評估這些造成或加劇績效差距的外部因素。PESTLE 是 PEST 的變化，在外部清單中加入法律（legal）因素。PEST 分析揭示的一個常見「外部」是政府監管，這會增加進口或出口的費用。

差距分析的類型

差距分析有很多種形式，因為績效差距發生在業務的各個領域和方面。

一、市場差距分析（Market Gap Analysis），又稱為產品差距分析（product gap analysis），著重於在特定市場中客戶需求沒有得到滿足。確定產品供給不足以滿足消費者需求市場的公司，發現了一個可能值得填補的空白。有助於市場差距分析的工具包括以下幾個：

- 感知圖（Perceptual Mapping），繪製目標市場消費者對市場上競品的看法。
- 產品、銷售量、成功率分析（Product, Presence, Hit Rate Analysis，簡稱PPH）。這種分析方法將市占率分解為產品（或服務）內容的可量化部分：P（產品）×P（銷售量）×H（成功率）＝MS（Market Share，市占率）
- 安索夫矩陣（Ansoff Matrix，見左頁圖12），這個名稱就是開發者伊戈爾・安索夫（Igor Ansoff）的名字，他於一九五七年制定了這個矩陣，透過四種可能的產品市場組合，具體指明企業目前和潛在的產品和市場（客戶）。這個視覺框架，目的在於幫助高階主管和行銷人員根據公司可用的槓桿和資源，制定未來的業務成長策略。

二、策略差距分析（Strategic Gap Analysis）或績效差距分析（Performance Gap Analysis）是在組織遵循策略計畫的指定時間段內，進行的正式績效評估。分析是對策略的評估。通常用於比較公司與競爭對手的績效來評估策略。

三、財務／獲利差距分析（Financial/Profit Gap Analysis）是與競爭對手針對定價、獲利率、固定支出成本、每位員工創造的營收等財務指標所進行的直接比較。目標是確定競爭對手在財務效率方面更高的領域、判斷原因，並確定競爭對手模型的哪些功能可能值得效仿。

四、技能差距分析（Skill Gap Analysis）評估目前人員在知識和專業技能方面的任何不足。技能差距可以透過培訓或僱用新員工來解決。組織也可能決定不在人員不足的領域競爭。

五、法規遵循差距分析（Compliance Gap Analysis）評估公司在一連串外部（政府）法規範圍內有效營運的程度，以及如何降低法規遵循的成本。

六、產品開發差距分析（Product Development Gap Analysis）用於評估公司新產品與市場的契合度，尤其是擬議產品的哪些特

▼圖 12　安索夫矩陣。

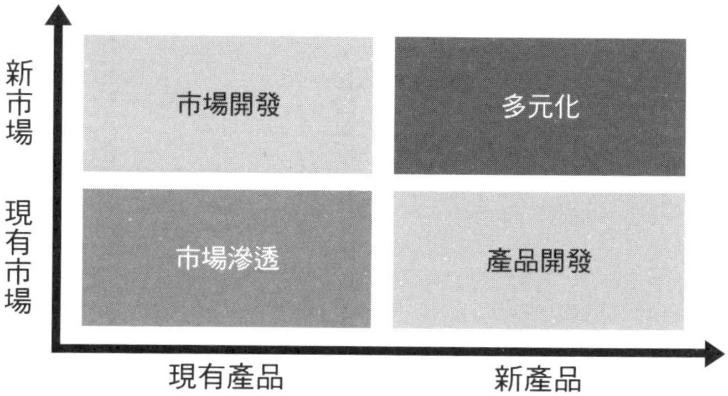

圖片來源：JaisonAbeySabu CC By-SA 3.0

性、優勢和功能將滿足市場需求，哪些方面有所不足。

七、損益平衡分析（Break-Even Analysis）應該是制定和實施任何差距分析結果的一部分。它計算因縮小差距而產生的，預計收入超過費用和收入相等時的金額。

「更好」就是最棒的做法

世世代代的小學教師向世世代代的學生灌輸的觀念之一，就是絕對、比較級和最高級的英文文法概念。老師們經常用幾句簡單的歌詞來幫助學生們理解：

好，更好，最好——
永遠不要停止，
直到好的變得更好，
而更好的變成最好。

這是一堂有效且實用的文法課，但不是執行業務的最佳方式。持續改進的「目標」是將好提升到更好，從更好提升到再更好。沒有最好，原因很簡單，最高級代表改進結束了。設定目標、實現目標，然後移動目標。實現更多目標。最好並非最佳的做法，因為更好就是最好。

請持續的改進，不要結束。

這麼說是要移動標準，而令人感到沮喪和不公平嗎？並不是。持續改進是絕對而且客觀的，前提是，這是透過達到和未達到的KPI來衡量。標準仍然是絕對的，團隊的進步會受到讚揚，並為沒有進步負起責任。你最不想做的就是變得太安逸。現今任何領域的現任領導者，總是會成為別人攻擊的標靶。

18 計畫、執行、檢查、行動

「輕微的失足可以預防未來的重摔。」

——湯瑪斯．富勒，《諺語集》，一七三二年

哈瑞．杜魯門（Harry S. Truman）是美國歷史上最獨特的俱樂部成員之一。他成為總統並不是因為贏得選舉，而是因為在擔任副總統時，小羅斯福總統在史無前例的第四個任期中突然過世。小羅斯福的過世讓美國人民既悲痛又恐懼。身為密蘇里州參議員的杜魯門，經常被許多人嘲笑是「來自彭德加斯特的參議員」（the senator from Pendergast），因為他是惡名遠播的腐敗分子湯姆「老大」彭德加斯特（Tom Pendergast）欽點的參議員。除了這個汙名之外，杜魯門在全國並不是很有名，也不是特別有魅力的人。

他的近視很深，戴著細框眼鏡，穿著剪裁精緻的雙排釦西裝（他在密蘇里州獨立城的家鄉曾與一間小百貨店合作），這些結合不知為什麼使他看起來有點矮小，但是他身高五呎十吋（按：約一七八公分）。他承認：「我看起來大概有點矮吧。」這位個子不高又近視的密蘇里州政客，怎麼可能取代帶領美國走出大蕭條，並在二戰中領導美國成為偉大全球軍事聯盟關鍵的小羅斯福？

如果說美國人民感到害怕和沮喪，那麼杜魯門自己也顯得沒有自信。宣誓就職後，他立即向一群記者坦白：「當他們昨天告訴我發生的事情時，」（小羅斯福因腦溢血過世）「我覺得月亮、星星和所有的行星都砸在我身上。」然而，正如人們所知，他立即挺身而出，承擔起這份艱鉅而孤獨的工作。

他在《下定決心》（*Making Up Your Mind*，暫譯）中透露了自己出人意料的成功祕訣，這是他讓女兒瑪格麗特（Margaret Truman）在他過世後出版的散文集中的一篇文章。杜魯門在文章中解釋說，總統職位就是領導統御，而領導統御就是下定決心、決定做什麼事，然後就去做。他直截了當的描述這個過程：

首先，總統必須盡可能取得他所能取得的所有資訊，了解什麼對國家大多數人最有利，這需要基本的品格和自我教育。他不只要根據自己成長和接受教育的原則，來決定什麼是正確的，還必須願意聽取許多人的意見，了解他即將做出的決定，會對人們產生什麼影響。

當他下定決心，認定自己的決定是正確的，就絕對不允許自己因為任何原因而放棄那個決定。他必須完成計畫，不能被那些告訴他決定是錯誤的人們施加的壓力所左右。如果決定是錯的，他所要做的，就是取得更多資訊並做出另一個決定，因為他必須有能力改變主意並重新開始。一個人要持續擔任執行長一職，就只有這個辦法。

領導者透過決策領導部屬

杜魯門總統做出了一些歷史上最重要的決定，從決定使用原子彈結束第二次世界大戰開始，一直到下令美國武裝部隊種族融合（這個法案開啟了偉大的戰後民權運動）和實施馬歇爾計畫（按：歐洲復興計畫〔European Recovery Program〕，是二戰後美國對戰爭破壞後的西歐各國進行經濟援助、協助重建的計畫），將滿目瘡痍的歐洲從挨餓、饑荒和被蘇聯征服的威脅中拯救出來。後來這又決定了一個勝利的冷戰策略，也就是在不引發第三次世界大戰的情況下，抑制極權共產主義的蔓延。任何人都會對必須做出這樣的決定感到不知所措。但是杜魯門直截了當、理性的做出這些決定：

一、取得所有能獲得的資訊。
二、利用自己的背景，檢視道德指南針，徵求不同人群的意見，並傾聽那些受他決定影響最大的人的意見。
三、做出決定。
四、堅持到底，不要動搖。
五、如果決定是錯的，取得更多資訊並做出另一個決定。
六、做好準備並願意根據結果改變主意。
七、用新的決定重新開始。
八、這個過程是領導者做出有效決策的「唯一辦法」。

取得資料、分析資料、向許多人（尤其是受目前決策影響最大的人）尋求意見、採取行動；不要聽愛唱反調者的話，而是監控結果，並在必要時願意改變主意。我們可以將描述簡化為：做出你所能做的最佳決定↓採取行動↓如果沒有用，就取得更多資訊並做出新的決定↓採取行動↓持續監控。重複上述步驟。

只有透過決策，公司才會進步。如果決策不佳，公司可能會倒閉；但是如果沒有做出決策或優柔寡斷的採取行動，企業肯定會倒閉。錯誤的決策可以透過好的，或至少是比較好的決策來糾正，前提是企業的領導者願意改變主意。

改變主意的勇氣、意志和精力，對於評估一個決策，以及決定是否（以及如何）做出新決策非常重要。評估決策效果的最佳方法，是建立一個從企劃書倒推情況評估的定期意見回應循環。

透過根據新資訊進行形勢評估，領導者指導企業建構一個修改後的、或有時是全新的策略框架，並利用這個框架來建立一個新的或修改後的企劃書。

實踐PDCA

我認為杜魯門總統應該沒有聽說過PDCA——計畫、執行、檢查、行動——但如果有人拿給他看，他會知道這就是他的領導理論和實踐。任何有效的商業領袖或經理也是如此。你可能會查看你的KPI，但不太喜歡所看到的東西。有時，改進的道路很顯而易見，答案就在數字中。但是，如果你就是不知道該怎麼做，你會怎麼做？

當然就是計畫、執行、檢查和行動。

PDCA又被稱為休哈特循環（Shewhart cycle）或戴明輪（Deming wheel）——這是有原因的。華特・休哈特（Walter Shewhart）是一位統計學家，他最初在一九三〇年代開發了PDCA概念。二十年後，了不起的美國工程師、統計學家和全能管理顧問愛德華・戴明（W. Edwards Deming）在一九五〇年代的品質控制方面開創性工作，將PDCA變得普及。這個簡單的順序已被廣泛且有效的用於實施KPI，並可以影響專案和流程中的重大績效突破和增量改進。PDCA的步驟就變成了它的名稱。

計畫：首先了解需補救的問題，或是能帶來改進的機會。這種理解從以下五個步驟開始。

一、策略連結：首先，確定改進問題如何幫助實現業務策略。

二、目前的狀態：接下來，深入研究問題，直到看到所有問題和機會。

三、未來狀態：盤點目前的狀態後，設想你想要的未來狀態。也就是說，透過設定目標或指標來界定變革，這些目標或指標必須達成，才能實現你需要得到的商業價值。

四、確定團隊：建立一個團隊，為問題提供多種觀點。

五、經營團隊的支持：確保經營團隊達成共識，以投入所需的人員、時間和其他資源來解決情況、解決問題，並實現機會。

完成了上述五個步驟後，你就準備好找出問題的潛在原因了。從發散思維開始，盡可能找出多的潛在原因。不要盤點症狀。列出可能的原因。向團隊外部的人員尋求意見回應和多種觀點。接下來，開始收集和分析資料，以確定問題的哪些潛在原因值得解決。使用收斂思維來列出這個簡短的清單。

接下來，專注於原因的短清單，以找出應對方法。這需要重新轉向至發散思維，並制定一系列可能的行動來解決根本的原因。切換到收斂思維，根據對實現你定義的未來狀態很重要的標準，對清單中的項目進行優先排序。透過識別資源限制來過濾這些項目。現在你已準備好制定行動計畫了。首先制定一個高級計畫，該計畫應該讓你了解能夠實現目標的行動。充實整體以制定詳細計畫。本質上，將整體的元素分解為多個任務或步驟。

制定可行的計畫後，尋求經營團隊的支持和同意，以投入實施該計畫所需的時間、金錢和其他資源。

執行：執行計畫——實施因應對策——並收集有關結果的資料。使用前面討論的視覺化管理技術，來追蹤和衡量進度和影響。

檢查：評估實施對策產生的結果。評估計畫的執行情況。你的目標是驗證對於因應對策的假設，並評估實現收益的及時性。最重要的是，從結果中學習以提高團隊解決問題的能力。哪些有用？哪些沒有用？為什麼？

行動：透過持續改進確定執行業務策略或計畫的後續步驟。根據結果（改進的程度或缺乏改進的程度）決定下一步做什麼。為了取得成功的因應對策，請將對策傳播到其他流程或領域。對於未能產生變化的因應對策，繼續收集結果並重新評估問題或問題的性質和狀態。

來自豐田的持久教訓

最終，意見回應循環是由一個明顯、非常簡單的問題所帶動：「我們是否實現了計畫？」這個問題的答案展現在績效指標、結果以及優先行動是否按照計畫進行。判斷公司有多成功的執行其策略，需要進行分析。

在一九六〇年代後期和一九七〇年代，豐田自動織機（Toyota Industries Co.）的創辦人豐田佐吉創立了五個「為什麼」。這是一個非常簡單的方法，以找到干擾成功實施商業計畫的問題和根本原因。這個想法是，多數問題可經由問五次為什麼來解決。

舉例來說，假設地板上有一個水坑。

假如你問為什麼？可以得出一個明顯的答案：因為天花板的管道漏水。

如果再問第二次為什麼？可以更深入尋找根本原因：管道中的水壓過高。

第三次問為什麼？你會得到控制閥故障的結論。

第四次問為什麼？那是因為我們的控制閥尚未經過測試。

第五次重複問為什麼？因為控制閥未列在維護計畫中。這麼做，根本的原因就被發現了，而發現問題根本的原因就表示可以採取適當的行動：將控制閥檢查列入維護計畫。馬上就去做。

豐田還建立了另一個有用的解決問題工具，稱為 A3 流程。（為什麼叫做 A3？因為十一吋乘十七吋的紙稱為 A3 紙，而且豐田在「A3 流程」中使用這種大小的紙張，寫下想法、計畫和目標。）

一、首先確定問題或需求。

二、確定問題／需求後，透過觀察和記錄所涉及的工作流程，以確定當前狀態。接著將團隊聚集在白板旁，繪製每個生產流程步驟的圖表。

三、量化問題的大小。

舉例來說，「X 個客戶的交貨延遲」或「上一季發生的 X 個製造錯誤」。以圖形方式顯示這些資料。

量化目前情況後，開始分析根本原因。分析是透過提出以下問題所產生：

- 我們需要哪些資訊才能更有效的工作？
- 流程中的延誤在哪裡？哪裡延誤得最久？
- 我們在哪些方面沒有進行充分的溝通？

找出操作中的痛點，並應用問五次「為什麼」來深入根本的原因。確定了根本的原因後，執行以下後續步驟：

一、制定對策——流程的更改——以解決根本原因。這包括改變你的流程，透過解決根本原因使組織更接近理想。這些更改應從指定預期結果開始，然後制定實現預期的計畫。檢視負責流程中步驟人員間的連結和協調，並根據需要釐清或更改這些。找出流程中的循環和延遲。

二、定義你的目標狀態。在制定流程中必要的更改後，使用流程圖定義你的目標狀態，流程圖會記錄流程中更改發生的位置，以便觀察和評估這些更改。

三、制定修訂後的實施計畫。這應該包括一個任務清單，用於實施流程更改、誰負責什麼事的名單，以及任務完成的截止日期。

四、制定後續計畫，包括預測結果。這個重要步驟能讓團隊驗證改進。如果沒有改進，團隊必須查看計畫是否已執行，目標條件是否已實現，預期結果是否已達成。

五、一旦A3流程圓滿完成，就應該報告結果，以便參與執行改進計畫的所有團隊都可以使用。每個人都要接受新的或修改過的流程。必須建立和驗證共識。

獲得支持後，就該實行新流程了。但是，請記住，實行並不是改進過程的最後一步。必須對結果進行評估。如果結果與預期的差別很大，就要研究以找出原因。使用得出的結果進一步更改流程，直到實現之前設定的所有策略目標。

獲利成長是策略性、提高獲利能力的成長。因為是策略性成長，所以需要持續改進，而持續改進則需要將策略重點放在獲利成長上。在成功企業的圖表上看起來像一條向上彎曲的線，其實是由計畫、執行、檢查、行動等有節奏過程驅動的結果。

19 以三為單位的一切都是美好的

「Omne trium perfectum 是三個拉丁文字，傳達了一個簡單的總體理念：『以三為單位的一切都是完美的』。」

——雷斯利．克藍福德（Leslie Cranford），〈三位非傳統學生和姐妹完成畢業之旅〉（*Three Nontraditional Students and Sisters Complete Journey to Graduation*），《今日德州理工大學》（*Texas Tech Today*），二〇二三年四月十日

每家企業都需要一位領導者。但是當媽媽告訴你，「兩個腦袋，總比只有一個好」（按：Two heads are better than one.，西方諺語，意同「三個臭皮匠，勝過一個諸葛亮」），她只說對了三分之二。如果你打算使用獲利成長營運系統經營一門生意，就必須有三位關鍵領導者。

我也想告訴你「三」這個數字沒有什麼神奇之處，但是它真的就像魔術一樣，出現在人類諸多的實踐和努力中，所以你經常會聽見人們討論「三的法則」。

不要只因為我這麼說就相信我。你去查一下就會知道。不過我很懶，我只去查維基百科編製的一個方便的清單。以下幾個領域都有一條三的法則：

- 航空和航空學，根據高度與行駛距離控制下降。
- C++程式設計，關於類別定義的經驗法則。
- 計算機程式設計，關於代碼分解的經驗法則。
- 血液學，檢查血細胞計數準確性的經驗法則。
- 數學，算術的方法。
- 藥物化學，鉛類化合物的經驗法則。
- 統計學，在沒有可觀察事件的情況下，計算信賴區間的規則。
- 生存，優先考慮生存步驟。
- 三位一體（聖父、聖子和聖靈），大多數基督教教派的核心。
- 威卡教（Wicca）的規則指出，一個人投入到世界上的任何能量，都會以三倍回到自己的身上。

作家甚至也有一條「三的法則」，認為一篇文章中的三個實體或事件比任何其他數量都更有效。想想《三隻小豬》（*Three Little Pigs*）、《金髮姑娘和三隻熊》，還有《三劍客》（*The Three Musketeers*）。許多現代戲劇都有三幕，最令人難忘的口號通常都由三個詞或短語組成，不多也不少：生命、自由和追求幸福；停、看、聽（stop, look, and listen）；停、趴、滾；開機、轉臺、輟學（turn on, tune in, drop out）；啪啪（Snap）、噼啪（Crackle）和噼噼（Pop）；民有、民治、民享。（譯按：「停、趴、滾」是美國教育兒童遭遇火災時的應對措施。「開機、轉臺、輟學」是一九六六年流行的反文化時代用語。「啪啪、噼啪和噼噼」是兒童麥片早餐的卡通人物。）

凱撒大帝（Julius Caesar）還用三個詞來描述他在高盧戰爭（Gallic Wars）中的將軍生涯：「我來，我見，我征服。」（Veni、Vidi、Vici）說到凱撒，他是第一三巨頭的創始者之一，第一三巨頭與第二三巨頭是歷史上最著名的三人領導小組。第一三巨頭是凱撒、龐培（Gnaeus Pompeius Magnus）和克拉蘇（Marcus Licinius Crassus）於西元前六〇年成立，分享對羅馬共和國的絕對權力。

給未來三巨頭的備忘錄：絕對權力的問題在於，權力根本不能分享。

到西元前五十五年，第一三巨頭開始瓦解。兩年後，克拉蘇在入侵帕提亞（Parthia）時，帕提亞發動極端的回應並殺了克拉蘇。這短暫的使凱撒和龐培更加合作，但隨後凱撒在西元前四十九年發動內戰，隔年擊敗了龐培，龐培逃往埃及，一名在埃及軍隊服役的羅馬軍官砍了龐培的頭。至於凱撒呢？他在羅馬享受了不到四年的絕對統治，然後在西元前四十四年三月十五日被刺死。

至於第二三巨頭（馬克·安東尼〔Mark Antony〕、萊皮杜斯〔Lepidus〕和屋大維〔Octavian〕），三年後在新的內戰中瓦解，最後屋大維成為羅馬的唯一統治者。他很快就拋棄了羅馬共和國，並建立了羅馬帝國，他於西元前二十七年一月十六日至西元前十四年八月十九日，以凱撒·奧古斯都（Caesar Augustus）的身分統治羅馬帝國。

所以，三的法則在古羅馬被打破了。為什麼？

這兩個三巨頭都有適當的成員數量，每個體系都有三位成員，但事實證明，三的魔法並不完全在於數量。也包含了所涉及的事物和人。如果你的購物清單上有三樣東西——一個洋蔥、一個蘋果和一罐廚房清潔劑——你不會帶著三個洋蔥回家並且認為這趟採購很成功。兩組羅馬三巨頭中的每個人都想成為最高領袖、大人物、至高無上的人。他們想要同一個工作。事實證明，這是失敗和致命衝突的公式。這麼說絕對不是要詆毀三巨頭領導統禦的概念，而是顯示不應該將三人團隊放在一起。美國政府已經存在了近兩百五十年，是一個三頭馬車，權力分布在行政、立法和司法部門之間，每個部門都有自己的關鍵領導領域，並擁有權力可以補充、制衡和平衡其他部門權力。

我們在本書中討論了流程和工具。在我們說再見之前，最好談一談人。關於人，你只需要知道的是，沒有人就沒有生意。你需要了解更多關於一種人的事——領導者。我相信，每一間偉大的企業都不是只因為一個偉大的領導者而受益，而是因為三個偉大的領導者。我知道任何選擇將獲利成長營運系統應用於其組織的企業，都需要三位偉大的領導者。他們是有遠見的人、先知和執行者。

有遠見的人

有遠見的人是組織裡的最終決策者，幾乎總是指執行長。在三巨頭和整個組織中，有遠見的人擁有絕對的權力。這個人做出決策，並向其他高階和中階經理人發布指令，這些高階和中階經理人按照這些指令行事負責。雖然有遠見者的決定應該堅定而明確，但與任何公司的其他一切一樣，他們也會致力於持續改進，並受到進一步決策的影響，這些決策可能會改變執行長之前的部分或全部決策。回想一下前一節，杜魯門總統關於總統決策的話。

當總統「下定決心認為他的決定是正確之時，就絕對不允許自己因為任何原因而放棄那個決定。他必須完成計畫，不能被那些告訴他決定是錯誤的人們施加的壓力所左右。」當然，杜魯門知道他的任何決定都可能被證明是錯誤的，但他有一個答案：「如果決定是錯的，（總統）所要做的就是取得更多資訊並做出另一個決定，因為他必須有能力改變主意並重新開始。」

「有遠見」（Visionary）在英文中有某種隱含的意義。有些人聽到這個英文字，就會想到占卜師，一個能看到幻覺及未來的人，通常是在夢境或恍惚狀態下看到。這並不是你需要的願景。對你來說，這個有遠見的人了解當下的狀態，並以想像力和智慧領導未來狀態的規畫。在這方面，就像賈伯斯和傑克．威爾許（Jack Welch）這樣的人。

但我們需要更具體的說明。

飛航管制員在繁忙的機場，安全且有效的協調起飛、接近和降落，這是一項要求極其艱鉅的工作。他們持續監控許多不斷移動的飛機高度動態情況，冷靜而簡潔的與飛行員溝通，告訴他們要採取什麼行動以及何時採取。管制員是怎麼做的？他們如何保持所有不斷移動的飛機安全有效的移動？他們如何在這樣的壓力中堅持下去？說得更直接一點，他們如何防止飛機相互碰撞？

任何飛航管制員都會告訴你，避免空中災難的祕訣，就是從「了解全局」的事情開始。最成功的西洋棋手和軍事指揮官，擁有快速了解他們面前的棋盤或戰場情況的訣竅。法國人稱之為「瞄一眼看見全局」（coup d'oeil）。拿破崙、格蘭特將軍（General Ulysses S. Grant）、巴頓將軍都有這樣的能力——每個成功的飛航管制員也都是。這是全局——每一架飛機相對於特定空間內所有其他飛機的即時檢視。飛航管制員做出的每一個決定，和給每個飛行員的每一個指示，都在這個「全局」的框架內。

獲利成長營運系統驅動型業務需要有遠見的人，必須具備飛航管制員的核心能力，以及在任何時間點評估業務的能力，但始終在「全局」框架內，也就是部署獲利成長策略的動態背景和環境。這個全局是動態的，所以有遠見的人必須敏捷和專注。當然，時間會給決策者帶來壓力，但也提供了可能性和迴旋的餘地。在八二法則的引導範圍內部署策略業務計畫，將靜態策略轉變為動態部署，就開始計時。這會為人員施加壓力，但也代表你的目標不是某種抽象靜態的完美狀態，而是一個現實生活中的進步過程。

先知者

我受僱經營的第一間公司（由收購它的私募股權公司經營）由一間分散的企業集團組成，專門從事各種醫療、技術和工業特殊元件和應用。原則上，八二法則思維指導這間去中心化的公司。但在實務上，許多子公司總裁傾向於走自己的路。我們聘請外部顧問培訓師，在所有子公司中更一致的灌輸和傳播八二法則，只不過，雖然這些人員很有能力，但是他們產生的結果卻非常參差不齊。我發現我們需要完全採用八二法則流程，而做到這一點的唯一方法是將它完全內部化。

我說，我需要的是一個先知。

先知是一位領導者——通常是營運長，但並非一定是。他擁有解釋難以理解事物的知識和技能，因而能實施有遠見的人的願景。我所說的「實施」是指培訓、輔導和指導整個組織中的其他人，以執行公司策略。除非你有一個組織不可或缺的先知，否則你會發現你的高階經理人、中階管理者和其他關鍵人員都無法達到策略一致性，並且開始實踐他們個人認為正確的事情。產生的結果就不是最佳，結果類似於試圖在沒有汽油的情況下開車。

如今，許多企業都有一個或一組職位，稱為「宣傳官」（evangelist）或「宣傳長」（chief evangelist）。這些人帶頭推廣產品、服務或一系列產品和服務，以擴大公司的客戶群。然而這不是我稱之為「先知」的工作，我傾向於在非商業、一般的意義上使用這個詞。第一位福音傳道者是聖約翰（John the Apostle），被稱為聖約翰福音傳道者，他是《福音書》（*Gospel*）的四位作者之一。從那時起，一個透過講道尋求他人皈依基督教的人，就被稱為「傳道者」。我所說的先知就是這個意義上的傳道者：信仰的傳播者。

由獲利成長營運系統帶動的公司的統一結構原則，確實類似於宗教的概念，即帕雷托所說的福音。宗教認為「只有一條正確道路」，獲利成長營運系統也認為，只有一個正確的方法：採用一種策略，專注、分配資源並且執行大約二〇%的行動，這些行動創造了大約八〇%的公司收入。掌握八二法則思維的伊利諾工具公司（Illinois Tool Works，NYSE：ITW，簡稱ITW）是一個很好的例子。

在一九八〇年代初期，伊利諾工具公司面臨著成本上升和獲利能力下降的問題。公司的管理團隊決定使用八二法則來推動對其政策、技術和經營規則的全面改革。二十五年來，伊利諾工具公司不僅完善了八二法則的適用，而且公司每年股東獲得的報酬率為一九%，而且很多時候都是透過收購公司，並將八二法則應用於這些子公司中。這是一個有利可圖的福音。

但是與幾乎所有宗教不同的是，獲利成長營運系統宣揚一個正確的方法，需要不斷修訂，以實現逐步改進的目標。如果這是福音書的話，也是極其敏捷的福音書。這種宗教是一個有彈性的過程，而不是一塊永恆不變的岩石。在獲利成長營運系統驅動的企業中，先知傳福音以全面理解核心策略、完全投入並與公司中的其他真正信徒完全協調互動。但先知也尊重並支援核心策略中的變革和適應。

先知不是《聖經》（*Bible*）的作者（那是有遠見者的角色），而是聖典的守護者、解釋者和傳道者。像其他傳道者一樣，我們的先知也有責任將公司內其他人轉變為傳道者。擁有獲利成長營運系統知識、理解、洞察力和工具的先知，要在整個組織中分享。

執行者

執行者是在日常層面經營業務的領導者。「執行者」通常就是公司的總裁，但情況並非總是如此。在我職業生涯中經營的那種企業集團中，經營者一直是部門或營運公司的總裁。與有遠見的人相反，他們並不制定策略，但他們負責在公司或部門內實施和執行策略。

執行者了解自己的公司，但他們不是整體策略的來源（這是有遠見的人的工作），他們既不是實施該策略的工具的守護者，也不擁有策略工具（這是先知的工作）。他們了解並經營公司，必須接受有關策略願景以及所採用的手段和工具的全面宣傳，以確保公司與策略保持一致，並達到或超過其所有策略目標。

重點是，這是有用的

公司裡若能有先知，就能帶來獲利。先知有多重要？在鳳凰工業，我們能夠在八百六十三天內將營收從七億美元，提高到超過十億美元，並將獲利從七千萬美元提高到一．七五億美元！也就是EBITDA成長了一五〇％，任何有眼睛、有耳朵的人都會說這造成了實質的影響。

但回想一下那句諺語，「沒有遠見，人民就會滅亡」。只有當完整的三頭馬車（有遠見者、先知和執行者）存在於組織中並且活躍時，獲利成長營運系統才會提供非凡的結果。先知指導整個組織願景的執行，使公司與策略保持一致並應用八二法則。然而，缺乏有遠見者，就不會有願景。沒有願景，就不會有先知。執行者從有遠見的人那裡獲得指示，並在先知的說明、指導和引導下應用它。沒有執行者，有遠見者和先知的工作就白費了。

我並不要求你相信三的法則在執行獲利成長營運系統方面的功效。我親眼見證了這一次又一次的讓公司轉虧為盈。請記住，這就像三腳凳一樣，需要三足才能鼎立。

若團隊缺乏有遠見的人（執行者），就不會有明確的目標。每個人都會射出沒有瞄準的箭，這些箭永遠不會正中紅心。執行長會按照他們一貫的方式做事，專注於他們感興趣，而不是對公司來說重要的事情。如果沒有先知，團隊將缺乏實現遠見者目標的明確路線圖。沒有執行者，有遠見者和先知都會無事可做。這裡的「三的魔力」在於整體大於部分之和。當EBITDA在八百六十三天內成長了一五〇％，我認為這一點就很明顯了。

獲利成長營運系統是一套經過考驗的簡單工具和流程，可培養一種共同的文化，為所有利益相關者（客戶、員工、供應商和股東）創造價值。在有遠見的先知和執行者的領導下，獲利成長營運系統使企業主和管理團隊能夠識別其業務面臨的挑戰，並制定清晰、簡單、可操作的計畫，以提高資產的生產力、增加利潤，並在組織的各個層面做出更好的決策。這是有效的。

國家圖書館出版品預行編目（CIP）資料

100 天就有成果！八二法則管理實務：我該關注哪 20%，馬上得到 80% 成效？通用動力（Generac Power Systems）、世偉洛克（Swagelok）等企業，高階經理 30 年的現場實證。／比爾・卡納迪（Bill Canady）著；呂佩憶譯 . -- 初版 . -- 臺北市：大是文化有限公司，2025.03
336 面；14.8×21 公分（Biz；481）
譯自：The 80/20 CEO: Take Command of Your Business in 100 Days
ISBN 978-626-7539-88-0（平裝）

1. CST：利潤　2. CST：財務管理
3. CST：財務策略

494.7　　113018209

Biz 481

100 天就有成果！八二法則管理實務

我該關注哪 20%，馬上得到 80% 成效？
通用動力（Generac Power Systems）、世偉洛克（Swagelok）等企業，
高階經理 30 年的現場實證。

作　　者／比爾・卡納迪（Bill Canady）
譯　　者／呂佩憶
責任編輯／陳映融
校對編輯／宋方儀
副 主 編／蕭麗娟
副總編輯／顏惠君
總 編 輯／吳依瑋
發 行 人／徐仲秋
會計部｜主辦會計／許鳳雪、助理／李秀娟
版權部｜經理／郝麗珍、主任／劉宗德
行銷業務部｜業務經理／留婉茹、專員／馬絮盈、助理／連玉
　　　　　　行銷企劃／黃于晴、美術設計／林祐豐
行銷、業務與網路書店總監／林裕安
總 經 理／陳絜吾

出 版 者／大是文化有限公司
臺北市 100 衡陽路 7 號 8 樓
編輯部電話：（02）23757911
購書相關諮詢請洽：（02）23757911 分機 122
24 小時讀者服務傳真：（02）23756999
讀者服務 E-mail：dscsms28@gmail.com
郵政劃撥帳號：19983366　戶名：大是文化有限公司

香港發行／豐達出版發行有限公司 Rich Publishing & Distribution Ltd
地址：香港柴灣永泰道 70 號柴灣工業城第 2 期 1805 室
Unit 1805, Ph.2, Chai Wan Ind City, 70 Wing Tai Rd, Chai Wan, Hong Kong
電話：21726513　傳真：21724355　E-mail：cary@subseasy.com.hk

封面設計／林雯瑛　內頁排版／王信中
印　　刷／鴻霖印刷傳媒股份有限公司

出版日期／ 2025 年 3 月初版
定　　價／新臺幣 480 元（缺頁或裝訂錯誤的書，請寄回更換）
I S B N ／ 978-626-7539-88-0
電子書 ISBN ／ 9786267539873（PDF）
　　　　　　　9786267539866（EPUB）